開心菜園在我家

栽培四季蔬果✕妝點綠意空間✕營造家庭幸福滋味

張珍珠 著 / 呂欣穎 譯

博碩文化

開心菜園在我家

栽培四季蔬果×妝點綠意空間×營造家庭幸福滋味

作　　　者／張珍珠

譯　　　者／呂欣穎

發　行　人／葉佳瑛

顧　　　問／鍾英明

總　編　輯／古成泉

資深主編／宋欣政

執行編輯／楊雅勻

出　　　版／博碩文化股份有限公司

網　　　址／http://www.drmaster.com.tw/

地　　　址／新北市汐止區新台五路一段112號10樓A棟

　　　　　　TEL / 02-2696-2869・FAX / 02-2696-2867

郵撥帳號／17484299

律師顧問／劉陽明

出版日期／西元2013年4月初版

建議零售價／380元

I　S　B　N／978-986-201-735-7

博　碩　書　號／DS21220

國家圖書館出版品預行編目資料

開心菜園在我家：栽培四季蔬果×妝點綠意空間
×營造家庭幸福滋味 / 張珍珠著；呂欣穎譯. --
初版. -- 新北市：博碩文化, 2013.04
　　面；　公分
ISBN 978-986-201-735-7(平裝)

1.蔬菜 2.水果 3.栽培

435.2　　　　　　　　　　　　　102006353

Printed in Taiwan

沒有天生的綠手指

2010年底我開始了經營部落格的生活，那為我帶來了極大的發展性。從一個人獨自在家默默地栽培蔬菜，到和大家一起交流栽培蔬菜的技巧，進而挑戰栽種更多種類的作物。我可以像這樣照顧著比以前更豐富的hudung-e陽台蔬菜園，都是多虧了部落格這個園地。為了發文我常需要邊想邊寫，常常在想要怎麼樣才能簡單扼要地把內容傳達清楚，而這也成為了我重新整理蔬菜園的契機。透過這樣的學習過程，我的蔬菜園慢慢變得豐富，不知不覺成為了上百種植物生長的空間。當我在升學補習班上生物課程，到了考試期間或入學考試前夕時都讓我疲憊不堪，但因為有大家的鼓勵，我全都一一克服過來了。各位網友在部落格留下的溫暖文章，成為了我每天努力、勤奮編寫蔬菜園故事的動力。

仔細想想，現在我還保留著小學時和家人一起在周末農場裡種植西瓜、香瓜、紅薯、馬鈴薯，還有各式各樣蔬菜的模糊記憶。每個周日的早晨，我們家和姨媽家都會帶著裝有一層層飯菜的大飯盒去蔬菜園玩耍，並吃著豐盛的午飯，直到現在我仍記得這些回憶呢！在首爾出生長大的我能種植那麼多植物，而且從小就有能體驗各種大自然的機會，不正是拜時時刻刻關懷我的父母親之賜嗎？就算沒有周末農場或蔬菜園也沒有關係，每個家庭也都可以種植蔬菜。

公寓的陽台雖然不大，但如果好好地利用的話，每個角落都是可以充分利用的空間。如果是沒有陽台的房子或是陽光照射不足的地方，也可以種植不特別需要充分陽光，也能正常生長的芹菜或垂盆菜，像可以在廚房水槽旁種植像綠豆芽和黃豆芽這種的芽菜類。由此可知，我們的周圍藏著很多可以充分利用的栽植空間。

我想放在書裡的內容和照片很多，但因為版面有限的關係無法全部寫上，我覺得有些遺憾。這段時間，我想與更多的人分享hudung-e的想法和訊息，因此很用心地做了很多準備。如果有解說不清楚或者書中沒有提到的內容，我會透過部落格繼續補充。如果有機會，我想寫利用蔬菜園種植的蔬菜當作料理的食譜內容。

寫完書後發現我想感謝的人很多。首先，想感謝給我機會的ChosunMedia出版社。還有在我猶豫是否要出書的時候，以適切的理由和果斷力勸說我執筆的金花組長；以及當我因上課、寫書同時進行而感到疲倦導致寫書不順利的時候，能及時給我指引的編輯敏靜，真的非常感謝。一起工作的夥伴必須心意相通才行，我的第一本書就可以和這麼好的夥伴一起工作，真是太幸運了！我想一直維持這種好關係。除外，連載蔬菜園故事《2babrecipe》的阿凜，為了不讓我拖延文稿，中途不斷督促我並幫助我順利完稿，也非常感謝。另外，連載蔬菜園料理《田園住宅生活》的樸希正記者，最先向我提議可開設料理專欄，為了一道料理幫我拍攝了數百張照

片，並且和我一起討論、溝通，這些我都很珍惜也很感謝。從我經營部落格開始，就和我在一起的蔬菜園格友們像成珠媽媽、MintLemon、nightshoo、soma、飛蛾、jjeong i、ttung ssi、美國的Rachel、Alpha girl、加拿大的be I jeul hyang kki，還有本書和部落格的讀者們，以及種植香草的kwe reom都非常感謝。當我通宵寫稿時，住在地球另一邊的加拿大15年知己劉琳，每天凌晨都為我加油；還有與我一起參加料理大會，並且是仁寺洞乾菜飯店「草井」代表，同時也是我高中學長的東日哥；為了讓雜誌、電視節目錄影日程與課程不衝突，特別關照我的導師和我的職場主管；協助我主要照片和校正作業的樸老師，雖然只是匆匆見過一面，但仍給我加油；以及稱呼我為綠手指的全昌厚教授；協助我擺脫工作負擔讓我果決下決心的朋友們；和我同生肖並且一樣總是抱著學習心態的學生日燦，我在這裡向你們表達我深深的感謝。

我被稱為hudung-e的原因，相信認識我的人都知道，因為我是雙胞胎中的妹妹，雖然有人會誤以為我是「hudung-e媽媽」，實際上我有一個和我長得一模一樣的「sundung-e」姐姐。在我深夜寫稿的時候，姊姊常因為我敲擊鍵盤的聲音而睡不著，但在我上課和錄影時，溫柔的姐姐仍會幫我準備點心。還有擔心第三個女兒太辛苦，總在我上課時假日不休息且協助我照顧陽台蔬菜，另外在我有課時清晨就開始為我準備紫菜飯捲和紅蔘，讓我一天都精神充沛的媽媽；還有我在頂樓辛苦工作時幫我搬運花盆，還幫我買回草莓幼苗的爸爸；就算加班也會抽空回文的大姐；以及下雨時我開車回日山時，很擔心我的「makdung-e」小弟。真的很謝謝你們，我愛你們。

看到我在管理蔬菜園時有人會叫我「綠手指」，意思是指很會種植植物的人。我雖然很高興，但有時也會覺得很不好意思，我只是很認真地種植蔬菜而已，實際上我也是透過許多錯誤和失誤經驗，才能有今天這樣的成果。

　　不管面對什麼事，剛開始總是覺得生疏困難的，翻閱本書的各位讀者，千萬不要因為一次失敗，就說「我真是完全沒有種植蔬菜的天分」這種話。千萬不要放棄，請先思考看看為什麼會失敗，可以參考本書和我部落格的文章重新試看看，日後你一定會感受到種植的喜悅。沒有人一開始就做得很好，我也是經過多次種植金蓮花失敗，種死很多次草莓，也扔掉了很多壞掉的黃豆芽後才成功的，最後也才有像這樣有機會出書。所以各位讀者一定要有信心，相信自己在不久的將來也會和我一樣有豐富的收穫。這本書獻給沉浸在蔬菜種植過程中感到快樂的各位。

張珍珠 hudung-e

目錄

PART 01 專為初學者設計的蔬菜培育基礎課程

PART 02 各月份可種植的蔬菜

 3·4·5月

PART 03　365天都可以栽培的蔬菜

香草類

芽菜類

蔬菜培育基礎課程

專為初學者設計的

PART 01

我家也可以種植蔬菜嗎？

窗邊（欄杆）

在窗邊或者欄杆等陽光充足之處，最好是栽培特別需要陽光的蔬菜。像是胡蘿蔔這種根莖類蔬菜，需要大量的陽光照射才能長得好，在陽台種植需要幾個月，但在欄杆或窗邊等陽光充足的地方種植，可以縮短很多時間。最具代表性的例子是紅皮小蘿蔔，紅皮小蘿蔔在欄杆上種的話，1個月就可以長出紅色的蘿蔔，在陽台內側種植的話則需要幾個月。

陽台

陽台是一年四季種植蔬菜的好地方，沒有梅雨季雨會下個不停的煩惱，冬天也可以抵擋寒冷。如果種植需要大量陽光的蔬菜可以利用欄杆台，這樣可以最大限度地利用到陽光。陽台是一個可以種植各種蔬菜和植物的理想地點。

水槽旁

水槽旁邊可以種植像芽菜類這種不需要太多陽光，但需要常澆水的品種。雖然在陽台種植也可以，但廚房每天都會來回數次，可以經常觀察並確認情況。

客廳

在寒冷的深秋和冬天或者初春，有時為了調節發芽所需的溫度，不能放在陽台必須放在客廳。

頂樓

頂樓陽光充足而且很寬敞，所以正好可以種植黃瓜或南瓜這些需要爬蔓的植物，還有紅椒或茄子這種需要大量陽光和養分的果實類蔬菜。根莖類蔬菜在頂樓可以充分照射到陽光而更快地生長，但也會因為風太大容易使土壤很快地乾掉，因此必須要經常澆水。

種植蔬菜前，請先準備這些！

土壤

要種植蔬菜，首先需要土壤。比起隨便從外面挖點土回來，建議去購買園藝用的床土（培養土），因為外面挖回來的土裡面會有蟲子或異物。用乾淨的園藝用床土來播種、移植幼苗有利於家庭的清潔，園藝用的床土25L約100～150元不等。栽植土也是一種化肥土，含有植物必須的養分，與泥土混合使用有利於植物的生長；但是放過多的栽植土會讓幼苗或種子無法克服滲透壓而死亡，所以要好好參考說明書，注意不要放太多。一般移植的時候床土和化肥以8：2的比例混合。

床土

床土是鬆軟、無養分的乾淨土壤。一般用於讓種子發芽成為幼苗，或者把折下來的分枝做接木繁殖。葉菜類蔬菜不用特地施肥，只需要用床土來培育就可以長得很好。

移植用混合土

移植用混合土是用床土和化肥，還有加強透氣性的珍珠石和蛭石混合而成，一般用來種植幼苗。不需另外混合，使用起來相當地便利。

蛭石

水耕栽培時，多用來固定根部。就像是床土中白色顆粒的珍珠石一樣，是以輕的多孔材質所製成，用來加強土壤的透氣性。

化肥・肥料

化肥

是指用樹枝或樹葉等可以化為養分的材料所製成的土塊，可以促進植物成熟。直接使用的話，養分濃度太高，會讓植物不能克服滲透壓而枯死。一般床土和化肥建議以8：2的比例混合使用。

液肥（液態肥料）

混合兩種水耕栽培用的溶液，需按照說明指示稀釋來使用，另外也可以使用市場所銷售的液態肥料。照片上的液肥可以用在水耕栽培，也可以用做其他用途，是我很喜歡用的韓國產品。A、B液肥以1：1的比例混合，加入500倍的水稀釋使用。例如：1公升的水中放入2毫升的液肥。

尿素

尿素是含氮的化學養分，不太用於葉菜類蔬菜，經常用於果實類蔬菜。以直徑30厘米以上，和膝蓋差不多高的盆子為標準，每2週一次可以放入1/2湯匙的量。如果根部直接接觸尿素的話會變黑死去，所以必須放在土壤上，讓其慢慢融化自然地吸收。

幼苗用的花盆——外帶杯

這用來種像生菜、菊苣等的葉菜類蔬菜會比較好,可以一杯杯地採收,也可以整顆一起採收;因為很輕便,所以白天可以放到陽台欄杆處,下雨的話也可以隨時移到內側。

上方和兩側都是約巴掌大面積的花盆

把兩個葉菜類蔬菜種在一起比較好,像包菜、韭菜或迷你胡蘿蔔也可以種植。一般30cm的正六面體保麗龍容器也一樣可以使用,但保麗龍容器不像花盆一樣底座有腳,所以在裝土之前要先去掉5cm,這樣土壤才不會裝得太多,也可以確保水滲透的空間大一些。

高至膝蓋的花盆

可以種植根鬚很多的果實類蔬菜,像小番茄、茄子、藍莓、紅椒、小南瓜等的果實類蔬菜。在剛開始種植的時候幼苗很小,但是長成後土面下的部分會像土面上的部分一樣長得很大,所以在選花盆的時候不能依照幼苗的大小來選擇,否則會沒有空間成長。想要結很多果實的話,就要從選擇花盆的大小開始著手,要記住這一點。另外,用米缸來代替花盆也可以。

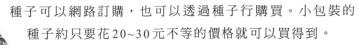

種子可以網路訂購，也可以透過種子行購買。小包裝的種子約只要花20～30元不等的價格就可以買得到。

幼苗是種子發芽長到一定程度的狀態。比起一開始用種子種植，可以選擇相對容易種植的幼苗，或是選擇大蔥或芹菜這種從市場買來後，直接就可以種植到收成的植物，也是一種不錯的方法。

知道這些就可以開始種植蔬菜了！

初學者請按照下面的順序來種菜

我推薦以種植「生菜、菊苣等葉菜類蔬菜幼苗→芽菜類蔬菜→蔬菜種子→果實類蔬菜→根莖類蔬菜」的順序來開始練習種菜。因為幼苗已經是可以馬上收穫的狀態，可以在最短的時間內感受到收穫的喜悅，所以我特別推薦給初學者，或是先從1～2週可以短期種植的嫩葉蔬菜開始起步也是不錯的方法。先從簡單的作物開始，然後再進階到直接用種子種植作物，這樣的種植過程會更有趣。

幼苗這個時候買

可以在每年的春天和夏末，去花市或種子行購買。4月初～5月末以葉菜類和果實類蔬菜為主，8月中～9月初以葉菜類蔬菜和可以用於醃製泡菜的蔬菜為主。任何時候都可以種植的葉菜類蔬菜，在這兩個時期都可以買得到。

種子和幼苗請在這裡購買

〈網路〉

可以在台灣植物社泰山供銷中心、花寶愛花園、花園城堡園藝資材倉庫、花世界花店等網路商店搜尋自己想要的種類，再仔細閱讀商家的產品

說明後再購買。只要有先閱讀過購買者所留下的評論，就不容易會買到瑕疵品。

〈實體店面〉

種子行、傳統市場、大賣場、農會所屬的超市、花市等地方，都可以買得到相關的蔬菜種子。

・正大種子行

電話：02-2881-3137

地址：台北市士林區大東路15號之43

・新合成種子行

電話：02-2557-3787

地址：台北市大同區迪化街一段149號

・台灣農產企業股份有限公司

電話：02-2556-2365

地址：台北市大同區迪化街一段86號

種子請這樣種

除了南瓜種子這種比較大顆的種子之外，一般一個洞裡會一次放入3顆種子，因為有時候種子不會順利地發芽。如果3顆種子都發芽了，請在長出2～3片本葉的時候，留下長得最好的一棵，其餘的兩棵拔除，這樣植物才能順利地長大。拔下來那兩棵可以當成嫩葉蔬菜食用，所以不必覺得可惜。

剩下的種子請這樣保管

用黑袋子裝好，注意別讓濕氣進入，放入冰箱中冷藏。

如同冬天過冬，春天開花的道理一樣，可以用冰箱這種人為性的方式來保管，這樣種子以後才會更順利地發芽，而且這樣做可以放置比種子包裝袋上的期限還更長的時間，最長可以放5年以上。

請這樣澆水

給乾了的土壤澆水，這是最基本的照顧。但是依據地方的不同，澆水的次數也不一樣。放在陽台內側的話1週澆2～3次水就夠了；放在陽台欄杆處或頂樓這種陽光充足、風大的地方，為了防止土壤乾掉，每天早晚都必須澆水。除外，葉子的多寡也決定了澆水的次數，像葉子多水分也蒸發得快，澆水次數相對地也要增多。本書中所寫的澆水次數一般都是2～3次，但是根據上述的情況會有所不同，這點需要注意。

請在這個時候採收

如果是葉菜類蔬菜，長出本葉後就可以採收了。但是只長出1～2片本葉就採收的話莖容易斷，所以最好是等到長出3～4片本葉後再小心採摘。所以本書一般寫的都是1個月後採收（請注意依照場所的不同，時間也會有所差異）。如果想種得像市場中賣的一樣的話，外面的葉子就不要摘來吃，要讓它「結球」，結球就是像白菜一樣裡面是一層層包裹的狀態。會結球的蔬菜種類有球芽甘藍、紅菊苣、特拉維索菊苣、白

菜等。想收穫球狀蔬菜的話，長出幾片本葉
後，還需要再多等1個月左右的時間。根
莖類和果實類蔬菜的情況不同，請參照
本書的內容。

為了能順利地採收，請除掉這個

在夏天溫度很高或寒冬這種極端的環境
下，葉菜類蔬菜有開花結果或結種子的習
性，這時候養分會被花吸走，造成葉片數量
減低。另一方面，如果不經常採摘葉子，剩下的
養分也會讓蔬菜長出花來，所以葉菜類蔬菜長出本葉
之後，必須經常採摘食用。

＊注意：本書所分類的蔬菜種植月份，會因氣候與地區的不同而
　　有所差異，請視當地情況調整蔬菜種植的季節。

在家可以種植的蔬菜，有下列這些

 葉菜類蔬菜

紅葉芥菜

綠葉芥菜

牛皮菜、芹菜

首爾白菜

包心白菜（幼小時）

包心白菜（長成時）

垂盆草

甘藍菜

落葵

茼蒿

青紫蘇葉

紅葉包菜

白青菜（白菜和青江菜的混合品種）

茴芹

綠葉生菜

紅拔葉萵苣

綠拔葉萵苣

紅橡木葉生菜

綠橡木葉生菜

萵苣

青菊苣

紅菊苣

特拉維索菊苣（夏季）

特拉維索菊苣（冬季）

紅葉菊苣（夏季）

紅葉菊苣（冬季）

結球菊苣

根莖類蔬菜

紅皮小蘿蔔

小蘿蔔

迷你紅蘿蔔

胡蘿蔔

果實類蔬菜

茄子

南瓜

辣椒

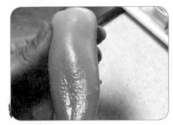

紅椒

青豌豆

四季豆

苦瓜

小黃瓜

草莓

西瓜

小番茄

藍莓

過去1年，hudung-e所種的蔬菜

1月

拿一公分長的大蔥根種來吃－我拿挑菜時所剩下來的大蔥根來種看看，結果令我驚訝，長得居然比我想像得要好。

包心白菜－白菜即使在陽台、房屋後院等處，也可以生長得很好。白菜對我來說，是一直能給我新鮮衝擊感的蔬菜，自己種的白菜和外面賣的沒什麼差別。

特雷維索菊苣－要阻絕陽光照射，跟白菜一樣要用繩子捆好精心照顧。因為是義大利菊苣，所以吃起來有點苦味，但它的顏色很漂亮，想不種來看看都不行呢！

2月

利用以土壤來栽培的幼苗栽種容器－我喜歡不會散發出水味的栽培法，所以才嘗試種植的。

小蕃茄－小蕃茄和特雷維索菊苣都是我超級喜歡的蔬果。每次冬天的時候，我的陽台內長得最好的就是小蕃茄。

紅皮小蘿蔔－根莖類蔬菜比葉菜類蔬菜來得難種，但是收成後可以切成薄片當作料理的裝飾，放在盤子上會很漂亮。

3月

在茶壺內種植的綠豆芽－真的試種後發現，自己用的方法不合適，所以上網查資訊得知種在茶壺內可以長得很好，換水也很容易，而且能夠用蓋子自然而然地阻擋陽光的照射。

韭菜－韭菜只要種一次它就會一直生長，所以只要剪斷就可以吃了，這是我最想推薦給陽台種菜新手種植的蔬菜。就算一直剪來吃，韭菜還是會一直不斷地生長，大概可以吃個10年也沒有問題。

4月

嫩葉蔬菜－嫩葉蔬菜不是只能買才吃得到的，我想告訴大家的是，一般像生菜或葉菜類等蔬菜在它還小的時候，就可以先摘一兩片葉子來吃。這樣先從小片的葉子開始吃，等蔬菜長大後，也可以吃到蔬菜的大片葉子。

在杯子裡種生菜－我試著在外帶咖啡杯內種植生菜，沒想到竟然相當合適。現在有30多個生菜杯整齊地排列在我的陽台上，每次看到它們我的心情就會很愉悅。

紅葉菊苣－紅葉菊苣從種子到幼苗的階段需要花費2～3個月，是需要花非常久的時間來栽培的農作物；但長成幼苗之後，有連續6個月的時間可以持續收成，收穫量也很多。

紅皮小蘿蔔和紅蘿蔔－盛夏時，我沒有好好地為它蓋上土，沒想到卻長出了紅皮小蘿蔔。一起採收的紅蘿蔔只有葉子比較茂盛而已，真是令人失望。

薰衣草－這是2月我去花市買回來的香草植物之一，名為「羽葉薰衣草」。幾乎一整年都會持續開花，可以把陽台妝點得很漂亮。

生菜－生菜在梅雨季時長得很快。這是當市場的生菜價格暴漲時，也可以盡情大快朵頤的綠色蔬菜。

西瓜－4月時我買了西瓜的幼苗來種，有一天西瓜真的結果了，採收的那天我真的太開心了。明年我也一定會再種一次西瓜的。

迷你紅椒－去年在超市買了紅椒來吃，然後把紅椒的籽拿去種，結果長出了又甜又好吃、色彩又繽紛的紅椒。

藍莓－幾年前我有種過2棵藍莓的樹苗，但最後失敗了。這次我有收成幾顆果實，明年我要像孟德爾叔叔一樣，直接幫藍莓做人工授粉。

小黃瓜－8月一直在下雨的關係，我在頂樓種植的所有作物都死光了，只有小黃瓜充分地吸收水分長得非常好。所以明年為了要因應梅雨季的到來，我一定還會種小黃瓜，因為小黃瓜在梅雨季時反而長得特別好。

韓國白菜－有吃過韓國白菜的人應該都會喜歡它的味道，但不知道是不是很多人都沒吃過的關係，才會讓韓國白菜默默無名。在它還是幼苗時也很好吃，當它長成一大顆時，也是甜甜的帶有香氣。

落葵採種－1顆種子經過採種後，可以得到200顆以上的種子，這真的是很龐大的數量啊！

茄子－我在頂樓菜園上種的茄子，讓我可以大量採收。雖然初期時，受到蚜蟲的侵襲讓我非常傷腦筋。

長葉萵苣－本來是想採收一片片的長葉萵苣來吃的，但因為已經進入秋天的關係，蔬菜內部已經像白菜一樣結成球狀了。

四季豆－我沒想到這會大豐收，我把它當作配菜吃，吃飯時讓人胃口大開呢！

球芽甘藍－這種蔬菜是在莖部長出像乒乓球大小的迷你高麗菜，這真是個神奇的傢伙。現在它迷你的型態已經慢慢成形囉！

青江菜－在夏天種植青江菜會長很多蚜蟲，所以我推薦大家冬天時再種比較好。葉菜類蔬菜在秋冬種植反倒會比較新鮮脆綠。

芽菜類蔬菜－在寒冬裡要栽種綠色蔬菜並不容易，因此我把目光放在可以快速栽培的芽菜類蔬菜上。所以在今年的11～12月之間，我嘗試栽種了各種芽菜類蔬菜。

請教hudung-e

這裡蒐集了部落格留言裡大多數人的疑問。網友在我的部落格提問時,會依照時期的不同,出現一點季節性的種菜問題,但我認為不用篩選直接刊登在書上,可以讓讀者更快地理解。您在種蔬菜時,如果有感到困惑時就請參考看看吧!

基本問題

Q 請介紹做沙拉用的蔬菜。在家也可以種植萵苣(生菜)嗎?

A 想做沙拉用的蔬菜就買整顆的甜菜根來種。像萵苣類(尤其是長葉萵苣)、菊苣、垂盆草、嫩葉蔬菜、芽菜類蔬菜等,這些會比較好。家裡當然也可以種植萵苣!如果想把它種到像外面賣的萵苣一樣,裡面一層包覆著一層的話,那就需要投入相當多的心力;但如果想像生菜一樣只是要吃它的外葉的話,那麼種起來就簡單多了。

Q 目前計畫在土裡種植小番茄、生菜、碗豆、菜豆、蔥。土壤的話是買床土就可以了嗎?箱子的話我打算使用保麗龍。需要肥料或營養素的是什麼蔬菜呢?肥料和營養素從市場買就可以了嗎?

A 需要肥料或營養素的蔬菜是果實類蔬菜(小黃瓜、番茄、香瓜、西瓜、紅椒、南瓜等)和根莖類蔬菜,或是像白菜一樣內部飽滿的蔬菜。肥料和營養素則使用園藝店或花市裡賣的肥料就可以了(花市主要是以花類為主,所以也有可能沒賣蔬菜用的)。在網路上搜尋蔬菜用肥料或是液肥的話,也可找得到。

Q 像萵苣一樣，只要種一次就可以持續食用的蔬菜有哪些呢？

A 可以持續食用的蔬菜有大蔥、萵苣、菊苣、茼蒿、芝麻葉、秋葵、牛皮菜、芹菜等等。

Q 今年春天想挑戰在陽台上種蔬菜，但是才剛要開始進行，就開始煩惱不知道要買些什麼園藝資材才好，想說乾脆買整套的好了，卻又覺得裡面有些東西用不到。

A 首先，買菜苗會比買種子來得好，因為要先感受到種植的樂趣。如果花店或花市有賣菜苗那就多購買幾個，然後再買一袋床土把它們種在保麗龍箱子裡。一開始不需要買太多東西，只需要土壤和菜苗就足夠了。

Q 有什麼蔬菜或是植物是在陽台上就可以簡單種植的呢？因為我們是農業職業學校，陽光來源也很充足，所以想種點植物，不過不知道要種什麼好。如果有不錯的蔬菜可以建議一下嗎？

A 我首先會推薦你種植萵苣、小番茄、辣椒、紅椒、西瓜、草莓等。如果是農業職業學校的話，那麼學校應該會有空地，如此一來我就會強烈地推薦你種植西瓜了。

Q 昨天才看到長出2個小嫩芽，今天再看就已經長得很好了，出現這樣的情況是第一次，所以真的覺得很開心。但是不知道接來該怎麼做⋯，繼續澆水跟日照就可以了嗎？只要土一乾就澆水嗎？

A 原則上只要土壤表面一乾就澆水。如果不小心澆太多水看起來太濕時，為了不傷害根部，我們可以稍微讓土壤通風，也可以用筷子、小棍子或小耙子等類似的東西輕輕地撥撥土，讓水分可以快點散發出去。

Q 第一次看了hudung-e的部落格之後，就開始播種各種種子。看到嫩芽冒出來的那種興奮心情，只有經歷過的人才知道，但是在種植後的第2個月小番茄生長停滯在5cm，以及種植後的第3個月紅椒生長停滯在6cm，我的心情很難用言語形容。這樣的情況是正常的嗎？不知道是我照顧不好還是我的技術不好？亦或是天氣太冷的關係呢？我陽台上種的孩子們，真的有辦法長得很茁壯嗎？

A 現在冬天還沒結束，有可能因為天氣較冷的關係導致植物長得比較慢，等到春天完全到來天氣一變暖和，植物生長的速度可能會快到讓你嚇一跳，所以請不要太擔心，耐心地等待就可以了。您的努力應該很足夠了，一開始會覺得什麼都看起來很慢，就像您覺得植物怎麼種都長不大的感覺是一樣的。

Q 上個月我在某賣場裡買了一組植物種植系列，種得好好的也都發芽了，但我卻發現它發霉了。是我澆太多水了還是種子有問題？我是照著說明書種的…雖然我是初學者沒錯，但才剛發芽怎麼就發生這種事。

A 我在想，那可能不是發霉而是根部的鬚。如果是長得像棉絮的話，那就是根部的鬚了。再說也有人可以將廉價賣場賣的產品種得很好，所以比起種子本身的問題，每個人種植方法些許的差異可能也是導致蔬菜生長發生問題的原因。

Q 我買了蔬菜種子和培養土，將它們種在化妝棉上發芽之後，再將它們移到塑膠杯裡。芝麻葉長到像小拇指般的高度，本葉（主要的葉子）也長出了一點點。但我今天一看，長了滿滿像白麵粉的東西，不知道是發霉還是什麼…天哪！真的好難過。奇怪的是家裡也不會太潮濕，為了讓水能順利地排出，我也在杯子戳了好幾個洞，而且也都有幫它換砂礫土，不知道到底發生了什麼事？

A 由於無法得知是白粉病（主要會生長在植物上，但會不會生長在土壤中還是個疑問）還是發霉，所以我在想是不是最近天冷，通風不好而引起的發霉呢？我想，還是先把發白的部分先弄掉，然後再讓它保持通風看會不會比較好！

Q 我種植的作物是生菜、芝麻菜、芫荽、甜椒、小番茄、蔥、韭菜。上次芝麻菜受到蟲害大襲擊，所以使用了牛奶噴劑（也有用手屠殺）擊退這些蟲害。最近，飛蚊總是在花草間附近飛來飛去，鄰居說飛蚊產卵後越長越多的話，就要連花盆整個丟掉，聽了這樣的話之後，每次只要一看到蟲害我就會放心不下。在榨取大蒜的油中加點水，這樣隨時拿來噴可以嗎？

A 原來是受到飛蚊的襲擊呀！像我的話，因為家裡的酵素和昆布茶在發酵的關係，冬天也會受到飛蚊的襲擊，所以會製作抓飛蚊的道具來使用。準備個塑膠瓶，從瓶身上方的1/3處都把它剪掉。接著把剪下來的部分反過來套住，接合處的地方則用膠帶把它黏起來；然後在塑膠瓶裡裝梅子汁或喝剩的飲料，這樣就完成了。飛紋聞到甜甜的味道飛進去後，就飛不出來了！我想多抓點小蟲子的話，就會在梅子汁或飲料裡會再添加一些糖進去。在飛紋常出沒的地方放個1～2瓶，你就會看得到效果。

Q 只能種在市售的土壤裡嗎？我母親在山上挖了些土，不知道是不是可以種在那土裡，還是說一定要買土壤來種呢？…我先生也感到好奇，覺得要花錢買土很浪費～呵！

A 雖然不是絕對，但最好還是使用市售的土壤比較好。因為您從外面挖回土壤的同時，也可能將土壤中帶有像螞蟻之類的蟲子或蚯蚓帶回家裡，這點不得不注意！

Q 去年春天將種失敗的萵苣箱子擺在家裡，結果長出了新芽，所以好像必須再換土了。hudung-e家的土壤看起來很好，是不是可以分享一下在哪裡買的，以及土壤的種類呢？如果不在網路上購買的話，平常購買時又會覺得土很重…，上網一搜尋，結果卻出來了一堆，實在是多到不知道該如何選擇，我雖然知道應該要買床土，但床土的種類和廠商怎麼會這麼多呢？哪些產品會比較好呢？

Ａ 我是購買園藝用的床土和堆肥兩種。您說我的土壤看起來比較好，其實我的並沒有特別之處，所以我想會不會只是看起來比較好而已～呵！我通常都是從網路上買最便宜的土壤，所以看起來不會有太大的差異。我主要都是買韓國1＋1的活動產品，我沒用過糞便土或是其它新的土壤，只是在土壤變硬之前，用花鏟或鐵耙之類的器具將土壤撥軟通風。雖然另有有機土壤，但以我的標準來看，床土用在園藝或是用在有機農都是差不多的。除外，我會從裡面挑選一些評語不錯的產品來使用。

Ｑ 花盆裡可以放廚餘代替肥料嗎？

Ａ 如果直接使用廚餘，一旦它腐敗的話，就會替植物在生長過程中帶來危害。需要肥料的話，建議不要使用廚餘，您可以買堆肥或是收集像樹葉這樣的東西，然後用微生物發酵液使其分解後再使用才是比較適當的。事實上，我並不太推薦初學者自製天然堆肥，不過如果知道正確的製作方法倒是沒關係；反之，如果做出不成熟的堆肥，對植物來說那反倒變成是一種毒物了。特別是把喝剩的牛奶澆在上面或是直接把咖啡渣倒在花盆裡，這樣就好像是把不成熟的堆肥施在上面是一樣的。如果真的很想使用的話，就灑足量的微生物發酵液使其成熟，待它變成堆肥後再使用；或是在桶子裡裝一些土來養蚯蚓，利用蚯蚓的糞便來當堆肥也是一種方法。

Ｑ 一直無法在家種出蔬菜，原本打算用培養土來種植所以買了種子，卻還是沒辦法順利地長成。一開始應該怎麼做？拜託可以告訴我正確的順序嗎？

A 首先要做的是，先購買像大蔥、芹菜這種有根莖的蔬菜，把它埋在土裡然後一邊種一邊摘來吃，先像這樣適應埋土壤種植蔬菜的方法比較好。接著，買萵苣或菊苣這種簡單的菜苗，把它種在土裡等它長出新葉後，就採摘一兩片下來吃看看。之後再嘗試種植種子，您覺得如何呢？一開始就用種子種植，對新手來說可能略為困難，也有人種失敗了乾脆就放棄不再種植蔬菜的情形發生。

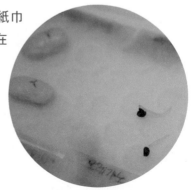

Q 我今天播種了小蘿蔔和綠葉生菜。但播種時我為種子的數量感到非常地苦惱，後來我在小蘿蔔的洞裡各放了1顆。如果在小蘿蔔的洞裡放2～3顆種子也可以嗎？還有綠葉生菜也是，不知道是不是可以放好幾顆，所以我在洞裡放了3顆。該不會真的是一個洞只能放1顆吧？

A 放2～3顆種子，等它發芽後再剪芽比較好。如果只放1顆的話，會因為每顆種子的發芽率不同，有的可能發芽、有的可能沒發芽。

Q 看了hudung-e的部落格後，我最近用廚房紙巾在催芽。謝謝您的幫助，但我有一個疑問，在廚房紙巾上催芽後，該如何把它們移到土壤裡呢？我原本是想移這個白菜芽，但是它的根卻纏在廚房紙巾上完全掉不下來，再加上它太脆弱了，碰觸它的過程中就倒了。有沒有什麼解決的好方法呢？

A 如果它的根部纏在棉絮上的話，那表示把它放在棉絮上的時間太久了。您應該在芽的外殼剝落時就得把它移過去了。時間太久的話，就會錯過移植的時間，而且也有可能造成它無法順利地生長。所以注意移植的時間將它挪過去種植的話，就不會產生無法分離根部的情形了。^^

Q 我想種好幾種種子。要讓它發芽的話，是要把種子泡脹（泡軟）然後用保鮮膜蓋住嗎？①需不需要在保鮮膜上戳幾個呼吸孔呢？②有的蔬菜喜歡陽光，要讓它發芽的話是不是就不要在上面貼保鮮膜，直接放在陽台上？而有的蔬菜討厭陽光，必須用報紙蓋住讓它順利發芽，我分不清楚是哪些蔬菜。③那討厭陽光的種子蓋住後，要在陰涼的地方讓它發芽嗎？還是蓋住後放到有陽光的地方呢？④在發芽階段時，應該讓它照射到多少陽光呢？

A ①在保鮮膜上戳透氣孔也可，保鮮膜不用完全蓋住，在旁邊開一個小角也可以。②如果一直去區分這是好光性還是嫌光性的種子呢？這樣頭會很痛的，事實上這兩種種子直接在土中或棉花上播種也可以長得很好。^^③請在沒有直射光線的地方讓它發芽，發芽之後馬上放到有陽光的地方它才不會瘋長。④一般放在可以照亮室內程度下的光源就可以了，不用太過費神。平時把它放到旁邊，只要戳幾個透氣孔，注意水分的調節，不要讓它變乾即可。

Q 我現在在種長葉萵苣的幼苗，但是長葉萵苣要長到什麼程度才能採摘呢？這時候看起來不鮮嫩，顏色也像爛爛的黃色，這時候摘下來合適嗎？

A 不鮮嫩的長葉萵苣葉可以摘下來，它可能是因為水分不足的關係。買幼苗來種的話，外層的葉子可能會有損傷，因此先摘掉一些比較好。

Q 想挑戰種萵苣（生菜）。①萵苣什麼時候播種比較好（用種子種嗎）？②要從小花盆移植到大花盆嗎？③和菜豆一起種在大花盆（寬50公分，高30公分左右）裡也可以嗎？

A ①在陽台種植的話，全年都可以播種。②長成幼苗之後，小花盆裡的土會和根結成一團，拔的時候根和土塊會一起被拔出來。建議在新的花盆中放入土，挖一個和幼苗差不多大小的小洞，蓋上和原來差不多深的土。③一個花盆種一種作物固然很好，但如果花盆很大，菜豆旁邊種一棵萵苣也沒關係。再教您一個

方法，用種子來種植萵苣最需要注意的一點就是，在初期若讓陽光充分地照射可以抑制幼苗瘋長。這個需要反覆實驗好幾次才可以正確地掌握方法。

Q 看了用外帶杯來種植萵苣的過程，想確定一下是先用好幾個杯子種植，等到發芽後全部移植到大的保麗龍箱子裡種植嗎？還是只在外帶杯中一直種植到可以採收呢？那麼如果每杯收種一棵，等到全部摘完之後還會長出新的葉子嗎？還是全部摘了之後把根拔掉，重新用種子種植呢？

A 萵苣不用移植，可直接在杯子裡種植、採收。採摘的時候不要整棵全部拔掉，請先摘一兩片葉子食用，等到小葉子長大後還可以再次採摘。如果整棵都摘掉的話，沒有葉子怎麼重新培育呢？

Q 搬到了陽台很寬的房子，想馬上種植蔬菜。很冷的冬天也可以種植蔬菜嗎？我想播種，但是不知道是在客廳裡種好呢？還是在陽台種好呢？我想種的蔬菜是萵苣和小蘿蔔，這些必須施肥嗎？

A 施肥的話，總是有一定的幫助的，但是萵苣不需要施肥，只要種在土中就可以長得很好。光線越充足，養分就合成得越好，所以盡可能地讓它照射到陽光吧！如果讓它在溫暖的室內發芽的話，一旦溫度變低時，種子們會覺得應該冬眠就不會發芽了。

Q 萵苣什麼時候需要澆水？

A 最基本的原則就是表面的土乾時就要澆水了，水分乾掉的話根部也會乾枯，所以不要讓土壤內的根部乾枯要時常查看。另外花盆越小，水分就越容易枯竭，而在冬天不用像夏天一樣澆那麼多水也沒關係，1週澆2次水就可以了。

Q 2月初可以在陽台種植萵苣嗎？

A 2月初可以在陽台種植萵苣，就算是寒冬也可以。陽台是一年365天都可以綠意盎然的地方。

果實·根莖類 問與答

Q 利用從幼兒園裡拿到的刀豆來種植，但半個月過去了還是沒發芽，是因為陽台太冷才會這樣嗎？我翻開培養土來看不像是腐爛，雖然表皮脫落了，但芽還是長不出來只是變得很膨脹，這是失敗了嗎？我兒子感到很失望。

A 我覺得應該是溫度不適當所以延遲發芽。如果不是適合發芽的溫度，就算發芽了也可能無法順利地成長或很難適應環境，這一點植物也是知道的。像春天那種適合的溫度就會發芽，利用這一點特性，可以把植物移到溫暖的房間裡讓它發芽。但是發芽之後，必須馬上移到陽光充足的地方才能長得茁壯。豆類的種子比別的蔬菜種子還大，所以相對地需要澆更多的水，這點要特別注意。

Q 看了hudung-e的方法買了番茄來吃後，把剩下的種子拿來種植，而且也同時種了其他的蔬菜，但卻一點消息也沒有，我本來很期待的…原因是什麼呢？

A 有可能是種子太乾了所以無法發芽，它也可能是需要很長時間才會發芽的種類。舉例來說，檸檬的種子就大概要花1～2個月才會發芽。

Q 看了用番茄籽種植的內容後，我用在家吃剩的番茄籽種植，看到發了新芽覺得很開心、很有趣，所以也想試種其他各種不一樣的植物。用金橘的籽種植也可以發芽嗎？很好奇是不是用同樣的方法也可以發芽。我查了一下知識家後，發現有很多人說不行。

A 聽說金橘要用嫁接的方法才可以，要分別用種類相似的母樹和雄樹嫁接才能種植成功。在園藝店或者在花市詢問的話，店家通常會告知方法或者直接幫你接好，若能直接買嫁接好的金橘枝會更好。我很喜歡水果，如果有足夠空間種植水果，我也想做個可以種植各式各樣水果的果園，因此我去查詢了一下，如果不是類似的品種，大部分都需要另外準備母樹和雄樹才行。

Q 種植豌豆時要放入可以把土壤變成鹼性的石灰，但是石灰要在哪裡買？要放多少？所有的豆類都要放石灰嗎？

A 並不是一定要放石灰，一般秧田沒有放石灰也可以生長，不心太擔心。市區少量的石灰可能很難買得到，不過在陽台或菜園種植時不放石灰也可以採收，基本上不會有大問題，直接種植就可以了。少量種植時大部分都可以這樣做。

Q 我想要四季都可以採收小番茄，而我家在14樓座向朝南。想問小番茄是種在室內還是在陽台會比較好？先在牛奶盒裡播種，發芽後再移植到花盆裡比較好嗎？而小番茄成熟後樹枝也會枯萎，枯萎的樹枝拔掉後，在那個的位置上要再重新種別的小番茄苗嗎？

▲ 小番茄春、秋、冬季適合在室內種植，夏天則適合在陽台種植，為防止水分蒸發需要在番茄上放置保鮮膜。另外，若在小的容器中種植，等待其發芽之後再移到別的地方種植，雖然這樣的方式也很好，但是像生菜這樣的葉菜類蔬菜，直接種植在花盆裡就可以了。我們家在15樓座向朝東南，現在雖然陽光很充足，但是春天以後陽光變少，夏天時幾乎沒有陽光照射進來，到那時也許就要利用陽台的欄杆來種植了。我每個月都會種植一次番茄，所以就算番茄枯萎死掉了，還是會有新的果實採收，這樣就可以避免陽台空蕩蕩沒有長番茄。

Q 我因為紅椒生長緩慢而感到很苦惱。曾想施液肥，但是因為想說是自己家裡種的，所以就乾脆當作有機蔬菜。為了讓韭菜、紅椒、小番茄、青江菜快速生長，把去掉內層薄膜的雞蛋殼，用粉碎機打碎當作肥料使用並且翻土澆水。但是後來想想，青江菜和小番茄的種植時間不到10天，如果急著施肥會不會有問題？如果因為施肥過度而枯萎了該怎麼辦呢？擔心自己心急的個性會不會把事情搞砸了。

▲ 發芽後成苗前就算不用施肥，植物也能長得很好。在發芽的階段急著施肥，養分反而可能會變成有害的物質。若是在露天的菜園土壤中，可先參雜一些肥料進去後再播種，這樣也可以長得很好。雖然施太多的肥料會阻礙種子發芽，不過適當的養分對蔬菜有時也很必要。

Q 已經有4棵西瓜和2棵玉米長出新葉了，什麼時候移植到花盆裡種會比較好呢？

A 西瓜和玉米現在馬上移植會比較好，等到根部纏繞在一起之後，再移植可能會因為傷到根部，而使植物慢慢地死亡。我在想全種在同一個盆子裡會不會比較好？但每個人的想法不同，很難有統一的答案。不過分別在不同的盆子中栽種，有隔離根莖防止其纏繞的優點。

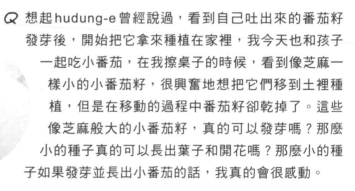

Q 想起hudung-e曾經說過，看到自己吐出來的番茄籽發芽後，開始把它拿來種植在家裡，我今天也和孩子一起吃小番茄，在我擦桌子的時候，看到像芝麻一樣小的小番茄籽，很興奮地想把它們移到土裡種植，但是在移動的過程中番茄籽卻乾掉了。這些像芝麻般大的小番茄籽，真的可以發芽嗎？那麼小的種子真的可以長出葉子和開花嗎？那麼小的種子如果發芽並長出小番茄的話，我真的會很感動。

A 在容易發芽的作物中，小番茄是最具代表性的。親自種植的話，就會知道小番茄是一種很容易種植、培育，而且收穫量很大的一種作物。

Q 聽說20天就可以收穫的紅皮小蘿蔔，我種了30天卻只長出一點葉子，生長非常緩慢，要多久才能摘來吃呢？我一直都以為只要20天就可以收成了⋯。

A 紅皮小蘿蔔依據生長環境的不同差異會很大。如果陽光充足的話，1個月就長成了；一般在陽台種植的話，也可能需要2個多月。紅皮小蘿蔔種子的包裝袋上，雖然會寫著20天收穫，但那是以在露天菜園那種陽光和養分都很充足的地方來當作種植標準的，不適用於陽台種植的情況。

Q 我在寶特瓶中種植幼芽，早晨和傍晚都會澆水，但是卻散發出腐臭的氣味，而且水的顏色不是透明的而是渾濁的，好像積水臭了一樣。為什麼會這樣呢？澆水時需要在瓶口用紗布過濾嗎？是因為我常常過濾的關係才腐爛的嗎？我種了3次，但3次都失敗了，是我沒有種植的天分嗎？

A 如果種植時發出異味就必須扔掉了，因為吃了腐爛的食物會容易拉肚子。長期積水植物會腐爛，如果不常換水植物也會腐爛，因此在水中的氧枯竭之前，就要換上新鮮的水。試試種植紫花苜蓿的幼苗如何呢？紫花苜蓿發芽很快，而且比較不容易腐爛。一般來說如果水變污濁的話就是代表蔬菜腐爛了，如果生長得好的話水就是清澈的。事實上不是你沒有種植的天分，只是沒有掌握正確的種植方法而已。另外1天澆2次水就夠了，不要胡亂灑水，澆水時輕輕地晃動灑水壺即可。如果劇烈地晃動的話，在澆水的過程中可能會讓幼苗損傷並且導致其腐爛。

Q 我想試著種植芽菜類和嫩葉蔬菜，打算在培養土壓縮椰磚上種植看看。但是一想到要在培養土壓縮椰磚上種植，我就會有點擔心。因為我很害怕蟲子，怕不知道會不會長蟲子（只舖一點土，等到採收後會把土扔掉）。聽說培養土壓縮椰磚沒有水不行，要常保持土壤濕潤，要澆多少水才行呢？萬一長蟲子的話，要怎麼做才能驅蟲？用紗布隔開嗎？還是完全只用水耕的方法種植就好呢？

Ａ 用培養土壓縮椰磚的話，只要讓土壤保持濕潤就可以了。就算半天之後水分蒸發了也沒關係，只要不讓土壤完全乾掉，讓底部保有水分即可。種植 1 ～ 2 週的話不太會長蟲子，這點不需要太擔心。如果中途只採收一部分成熟的蔬菜，剩下一部分要等以後再採收的話，採摘葉片的斷面流出的汁液可能會招來蟲子，因此最好是一次全部採摘。如果長了蟲子，比起用紗布掩蓋，盡速採摘蔬菜才是最適當的方法，因為掩蓋可能會造成植物通風不良導致情況惡化。

Ｑ 摘下了幼苗之後，剩下的根部和莖要扔掉嗎？剩下的部分可以繼續澆水種植嗎？用寶特瓶培育幼苗，採摘後剩下的殘留物和上面的土要怎麼處理呢？

Ａ 採摘後剩下的殘留物和上面的土，把它曬乾後和土壤混合在一起，最後放入花盆中就可以了。採摘下幼苗後，剩下的根也沒有用了，就算繼續培育也不會發芽；所以你可以培養在土壤裡，也可以培養在類似馬克杯一樣的杯子裡，可以不需整理其根部，這樣它的整體就都可以拿來吃了。

Ｑ 綠豆芽種植了 2 次都長出本葉，有一次全摘下來做成豆芽飯吃了，這次又長出了本葉，數量比較多。究竟要把葉子摘了再吃？還是直接吃也可以？

Ａ 種植超過 10 天的話，當然會長出本葉。市場販售的綠豆芽也會長出一點點本葉，直接食用也沒關係。你可以去超市或市場觀察一下。

Q 最近在種植豆芽，幾天前發現根部變成了褐色，是什麼原因造成的呢？豆芽分別是在茶壺和籬筐裡種植的。

A 根部會變褐色的原因，可能是因為陽光所引起的，也可能是水分不足所造成的。腐爛的話會產生黏液，而且腐爛時根部接觸到水也會導致變成褐色。

Q 我是一位學生，因為住的地方沒有陽台，所以決定種植不需陽光也能正常生長的豆芽。在學校也試著種過，結果只長出幼芽並且腐爛長毛了。現在用水泡著黑豆，大概需要培養幾天呢？想在花盆裡鋪上棉花，並且用塑膠袋蓋著，這樣做對嗎？

A 豆子在水中浸泡的時間太長容易腐壞，通常只泡1天的話是不會有大礙的。雖然不讓它透光，不過要弄幾個氣孔讓它通風，1天要用水沖洗2遍這很重要。因為茶壺是最簡單的容器，所以我會推薦你先在茶壺裡種看看。在茶壺內倒入水後，可以經由茶壺嘴倒出水，種植起來相當地便利。

Q 可以把芽菜類蔬菜培育成嫩葉蔬菜嗎？如果不吃它繼續培育的話會一直長下去嗎？在網路上看到芽菜類蔬菜和嫩葉蔬菜是分開賣的，想問種子是不一樣的嗎？

A 芽菜類蔬菜和嫩葉蔬菜都是只吃葉子的，芽菜類蔬菜是只培育到長出葉子就會拿來食用的品種，雖然本葉的樣子和包裝袋上標示的樣子相似，但也可能長成其他的樣子，吃起來基本上不會有什麼問題。如果你不希望長得不一樣的話，建議去買專用的嫩葉蔬菜種子。我在種植嫩葉蔬菜時，不是挖洞埋進去而是用撒種的方式。雖然會依照種植方法的不同而會出現差異，但如果你想在土裡種植的話，要先讓四個面保持有一指寬的距離，挖好洞後就算一次種植10到20顆種子也無妨。

Q 聽說香草會發生種植困難的原因，是因為沒有移植的關係。在種植香草時不能繼續使用小盆子來培養嗎？我覺得用小盆子種很漂亮！

A 把買來的香草繼續種在同一個小花盆裡，當然會又小又漂亮，但是 1 ～ 2 個月過後，過多的葉子會加快蒸發使土壤變乾。那樣的話，種在小花盆裡的香草就只能枯死了，所以必須進行移植。實際上，大部分種植香草不成功的人常常會說，我沒有種植物的天分，香草在那種狀態下當然活不久。如果你非得要在小花盆裡種植香草的話，可以修剪掉一半的葉子來防止水分蒸發，透過修剪葉子的方法也可以保持植物的小巧可愛。

Q 想像 hudung-e 一樣種植金蓮花，但卻無法順利地生長。雖然發芽了但過了 2 個月都沒有新的進展，這樣應該是失敗了吧？下次要怎麼做才會成功呢？

A 我也是失敗了很多次之後，改用在棉花上播種的方法才種成功的。試一試在棉花上播種吧！外部變軟、變爛的皮就算不剝除也會自己長出芽來，所以可以不必費心理會。還有也可以將泡在水中變爛的種子表皮剝除後再種到土裡面，有人有試過這麼做，不需幾天就發芽了。

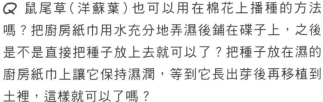

Q 我把薰衣草放在窗口,發芽後每天噴一次水,種了20天的薰衣草就瘋長了。這樣的生長是正常的嗎?要用棍子支撐嗎?根莖變長後會垂下來,我想用土壤支撐住倒下的根莖卻沒有用,昨天更是完全倒在地上了。我從來沒有移植過它。

A 多放些土,等根莖變粗後就會改善了。試著放到家裡陽光充足的地方,這樣放置一段時間後,大多根莖都會變粗,所以請再等一段時間看看吧!

Q 鼠尾草(洋蘇葉)也可以用在棉花上播種的方法嗎?把廚房紙巾用水充分地弄濕後鋪在碟子上,之後是不是直接把種子放上去就可以了?把種子放在濕的廚房紙巾上讓它保持濕潤,等到它長出芽後再移植到土裡,這樣就可以了嗎?

A 鼠尾草可以在棉花上播種,也可以直接在土裡播種。鼠尾草的種子較大,直接種 3 ～ 4 顆到土裡也可以發芽。如果在棉花上播種的話,長出一點根後就要馬上移植了;如果放在棉花上培養時,要注意不要讓根部和棉花糾結在一起了。

蔬菜的種植月份，會因氣候與地區不同而有所差異。

1
2
3
4
5
6
7
8
9
10
11
12

各月份可種植的蔬菜

PART 02

紅冠萵苣

- 葉菜類蔬菜
- 2個月後可採收
- 表面的土乾時需澆水（每週2次）

 GARDENING POINT

- 如果可以買到幼苗，最好用幼苗來種植。
- 開始長本葉時，為了讓植物正常地生長要給它充足的陽光。

 hudung-e的經驗談

依照生菜種類的不同，吃起來的味道也會不同。想做成韓式包飯吃的話，要用葉子比較寬的紅冠萵苣；做生菜沙拉的話，則要用脆的且葉子相對比較小的長葉萵苣。在陽台上種各式各樣的生菜時，可以按照自己的需求來採摘，這樣一來也可以創造出許多的樂趣。

種子外觀

（萵苣、綠葉生菜、紅裙生菜、長葉萵苣、紅橡木葉生菜等的種子都很相似，很難用肉眼分辨。）

月	栽培 時期	需要 作業
1		
2		
3		
4	↑	
5		
6	↓	
7	（長花軸的時期）	
8	↑	
9		
10	↓	
11		
12		

播種

紅裙生菜的種子是長形的，和一般生菜的種子很像，用肉眼很難區分。在花盆中裝80%的土，種下3粒種子，然後蓋上和種子差不多厚度的土壤，利用噴水器噴灑充分的水。

2個月後

在生長中期檢查1

長出2～3葉本葉的時候就可以採摘了。留下長得最好的一棵，其它的都可以摘來食用。在那麼幼小的階段採摘，要注意不要把莖折斷了，請小心採摘。等到再大一些，生菜才會長得飽滿。

2個月後

在生長中期檢查2

不用另外施加養分，只要有照射到陽光就可以長到這個階段。若照射到陽光，葉子就會出現紅色。

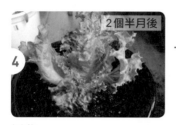

2個半月後

採收

摘一次後葉子的數量會增加得很快，葉子也會變大，所以要很勤勞地採摘來食用。

🐞 **生物老師的蔬菜Tip**

如果可以買到幼苗最好，因為比起用種子來種植，我更推薦用幼苗種植。陽光不足時生菜會長得很不好，特別是發芽後到長出幾葉本葉的階段。初學者最好能買到好一點的幼苗，這樣才能節省時間，降低失敗的機率。

綠葉生菜

- 葉菜類蔬菜
- 2個月後可採收
- 表面的土乾時需澆水（每週2次）

GARDENING POINT

- 開始長本葉時，為了讓植物正常地生長要給它充足的陽光。

hudung-e的經驗談

梅雨季時生菜特別貴的原因是，薄薄的生菜葉經過雨水的敲打後會變得軟爛。那麼難道沒有避雨的方法嗎？如果你是在陽台欄杆處種植的話，下雨時把花盆或容器搬進來就行了；如果是在院子或陽台種植的話，下雨時可以在花盆上方撐把雨傘。雨傘必須是透明的塑料傘，因為這樣在偶爾有陽光時，才可進行光合作用。

種子外觀

月	栽培時期	需要作業
1		
2		
3		
4	↑	
5		
6	↓	
7		（長花軸的時期）
8	↑	
9		
10	↓	
11		
12		

2週後

2個月後

播種

在花盆中裝80%的土，種下3粒種子，然後蓋上和種子差不多厚度的土壤，利用噴水器噴灑充分的水。

觀察本葉

長出2～3葉本葉後，只留下一棵其餘拔掉。這時就可以採摘幼葉了，在那麼幼小的階段採摘時，要注意不要把莖折斷了。等葉子再大一些，生菜才會變得飽滿。

培育

不用另外施加養分，只要有陽光就可以長到這個階段。在葉片增多的情況下，如果花盆裡的水分乾掉的話，生菜會變得癱軟，但只要土壤的水分不是很乾燥的話，澆一次水就可以救得回來。

 生物老師的蔬菜Tip

花盆越大，生菜的葉子也會長得越大。外帶杯雖然也不小，但其實像照片一樣在大容器裡栽培的話，會比較有利於根部的生長。但是在陽台那麼小的空間，大花盆只可以放一兩個，外帶杯大小的容器卻能放好幾個，而且有陽光時可以隨時移到欄杆旁，下雨時也可以隨時放到內側，有不讓生菜淋到雨的優點。

採收

從最外面的葉子開始，以折斷的方式採摘。採摘過程中所噴出來的汁液，是生菜本身莖幹末尾自然會出現的液體，不用太過擔心。

3·4·5 月

長葉萵苣

- 葉菜類蔬菜
- 1個月後可採收
- 表面的土乾時需澆水（每週2次）

GARDENING POINT

- 開始發芽時，為了讓植物正常地生長要給它充足的陽光，這點非常重要。
- 一直種植到生菜裡面有層層包裹的狀態，就可以採收整棵的長葉萵苣了。

種子外觀

月	栽培時期	需要作業
1		
2		
3		
4	↑	
5		
6	↓	
7	（長花軸的時期）	
8	↑	
9		
10	↓	
11		
12		

3天後

1個月後

播種

在花盆中裝80%的土，種下3粒種子，然後蓋上和種子差不多厚度的土壤，利用噴水器噴灑充分的水。

發芽

生菜類大部分都很快發芽，一般1週左右就會發芽。

觀察本葉

長出新葉後，需要等待一段時間才會長出本葉，一般蔬菜都是這樣不用覺得奇怪，耐心地等待就行了。本葉長出2～3片後，留下一棵其餘拔掉，這時可以從最外面的葉子開始採摘，當成嫩葉蔬菜來食用。

3個月後

培育大葉子

可以一邊當作是嫩葉蔬菜，每次摘採一兩片葉子來食用，一邊給予它充足的陽光和肥料，這樣等待它長成大葉子後，也可以摘來食用。但如果過度採摘幼葉的話，大葉子的收穫量會減少，這點要特別注意。

整棵採收

長葉萵苣的內部開始出現層層包裹的狀態。此時可以用大拇指和食指確認內部的飽滿度，如果摸起來結實的話，就可以用刀子從根部的莖切下。

長花軸時期

你可以整顆採摘，也可一片地採摘。種植3個月後會長出花軸，葉子會像照片一樣變得很細長，此時葉子雖然也可以吃，但量很少。

 生物老師的蔬菜Tip

1 用手抓住生菜上面的部分，如果覺得很結實的話，表示內部已經是層層包裹的狀態了。

2 採摘生菜時會有白色的汁液流出，汁液中有一種叫「萵苣苦素（Lactucin）」的物質，這種液體有鎮定的效果，在以前的外科手術中也被當作是麻醉劑使用。但是要達到那樣的效果，必須吃大量的生菜才行，因此不必擔心說吃了生菜會想打瞌睡。

3·4·5 月

紅橡木葉生菜

- 葉菜類蔬菜
- 1個月後可採收
- 表面的土乾時需澆水（每週2次）

 GARDENING POINT

- 把生菜當食物吃的時候，如果想要有點不一樣的感覺，可以拿這種紅橡木葉生菜料理。因為長得像橡樹，所以叫作紅橡木葉生菜。
- 紅橡木葉生菜如果照射到越多陽光，葉片的顏色就會越紅。

hudung-e的經驗談

生菜雖然可以在小花盆、大花盆、幼苗盆等各種地方種植，但是最有效的方法是拿錐子在底部戳好洞的外帶杯種植，然後放在陽台上吸收陽光。雖然每個人家中的陽台情況不同，不過生菜是很喜歡陽光的蔬菜，如果充分照射到陽光，葉子可以長得很好，所以最好是放到陽光充足的陽台欄杆處，讓它充分吸收陽光，下雨時也能方便馬上移到內側。

種子外觀

月	栽培時期	需要作業
1		
2		
3		
4	↑	
5		
6	↓	
7	（長花軸的時期）	
8	↑	
9		
10	↓	
11		
12		

1

播種

在外帶杯或小花盆中裝80%的土種下3粒種子，然後蓋上和種子差不多厚度的土壤，利用噴水器噴灑充分的水。

2週後

2

幼苗階段

與橢圓形的新葉不同，本葉的外型是波浪形的。長出2～3片本葉後要記得修剪。

1個月後

3

採收時期

不用另外施加養分，只要有陽光就可以長成這個階段。此時的葉子數量會是上個階段的兩倍，差不多在這個時期就可以採摘幾片較大片的葉子來吃了。

2個月後

4

培育葉子

用咖啡外帶杯來種植也可以長得很茂密。這時葉子已經長得很密了，你可以一次採收來食用，也可以一片片地分次採收來食用。

5

反覆採摘

一個杯子可以採收相當多的紅橡木葉生菜。在夏天這麼熱的時期，小葉子培育2週左右就可以再次採收。

 生物老師的蔬菜Tip

1 根雖會長滿外帶杯，但對於葉片蔬菜的採摘和食用不會有太大的問題，所以就算不移植到大花盆也沒關係。
2 紅橡木生菜和顏色不同的綠橡木生菜，這兩者的味道沒有什麼差別。
3 開始採收來食用的2～3個月後會長出花軸，長花軸時也可以繼續採收來食用。

3·4·5 月

萵苣

- 葉菜類蔬菜
- 1個月後可採收
- 表面的土乾時需澆水（每週3次）

GARDENING POINT

- 開始發芽時，為了讓植物正常地生長要給它充足的陽光。
- 等到自己種植的生菜內部是層層包裹的狀態時，雖然看起來比外面賣的生菜還小，還是可以採收到很圓、很飽滿的生菜。

hudung-e的經驗談

因為我最近迷上了生脆的口感和甜甜的味道，所以我每季都會種萵苣。將淡綠色的萵苣放到冰水中浸泡10分鐘再烤一條魚，並在白飯上加點醬用生菜包著吃，這能讓我感覺到一種屬於夏天清爽的滋味。除了享受親自種植的樂趣，還能變成美味的佳餚跑到肚子裡去！

種子外觀

月	栽培時期	需要作業
1		
2		
3		
4	↑	
5		
6	↓	
7		(長花軸的時期)
8	↑	
9		
10	↓	
11		
12		

播種

在花盆中裝80%的土，種下3粒種子，然後蓋上和種子差不多厚度的土壤，利用噴水器噴灑充分的水。

2週後

澆水

生菜類大部分都很快發芽，一般1週左右就會發芽。為了讓它正常地生長，要放到陽台的窗台中最能照射到陽光的地方。萵苣比其它生菜的葉子更多汁，種植的時候要多澆點水。

1個月後

在生長中期檢查

萵苣的葉子很薄、莖很粗。粗粗的莖很脆，是味道最清爽的部分。

2個月後

可以採收的時期

經過2個月，萵苣就會慢慢地長彎，這是萵苣特有的現象。這樣再長2個月，就會變成像球一樣的圓圓形狀了。它不像外面賣的萵苣那麼大，大概就像女生拳頭般的大小。

2個月後

採收

萵苣內部開始出現一層層包裹的狀態。從外面的葉子開始一片片採摘的話，就會像照片中的外帶杯裡面一樣，只留下向上成長的小葉子。那麼小的葉子再培育2週，就可以再次採收到像照片中採收好的萵苣差不多的量。

比較

這是前一個階段長出的萵苣，莖很脆且葉子也是淡綠色的很誘人，吃起來有點甜甜的。長得不好的萵苣莖會很長，看起來像沒有力氣一樣搖搖擺擺的。

 生物老師的蔬菜Tip

有結球萵苣、不結球萵苣、嫩莖萵苣、荷花萵苣等多種萵苣種子。在露天菜園或陽台種植時不會感覺到有什麼特別的差異，只要是萵苣的種子種起來都差不多。

葉用蘿蔔

- 葉菜類蔬菜
- 1個月後可採收
- 表面的土乾時需澆水（每週3次）

 GARDENING POINT

- 葉用蘿蔔是不管在發芽上還是生長上都很快速的蔬菜。
- 不須補充養分，只要有水和陽光就可以一直種植到採收，不會有什麼大問題。

 hudung-e的經驗談

1 在盛夏陽光強烈的時候若要外出一整天，可以在盆子的底部放一個水碗，這樣就算經過了1天，蔬菜也能吸收水分生長得很好。這適用於不能經常確認水分的情況。

2 在蔬菜快速生長的時候，從早上出門確認蔬菜生長狀況，到晚上回家確認蔬菜生長狀況的這段時間裡，蔬菜可能會長大約1公分左右，所以隨時供給足夠的陽光、水、養分等是很重要的任務。

種子外觀

月	栽培時期	需要作業
1		
2		
3		
4	↑	
5		
6	↓	
7	（長花軸的時期）	
8	↑	
9		
10	↓	
11		
12		

播種

在花盆中裝80%的土，種下3粒種子，然後蓋上和種子差不多厚度的土壤，利用噴水器噴灑充分的水。

照射陽光

葉用蘿蔔的新葉長出後，為了讓葉用蘿蔔正常生長，要把盆子搬到陽光充足的地方。生長不正常的葉用蘿蔔莖很長，看起來搖搖擺擺地像沒有力氣的模樣。長出2～3片本葉後，一個洞只留下一棵，其餘都修剪掉。

在生長中期檢查

此時開始長出本葉了。把盆子放在陽光照射強烈的陽台上，如果看到水分經由葉子蒸發掉了，就要每天早晚檢查且多澆水，確保土壤的水分不會乾掉，同時注意有沒有枯掉的葉子。

採收

現在可以把葉用蘿蔔拔出來食用了。抓住靠近土壤的根部用力地拔出，把葉子摘下後食用。不管葉用蘿蔔的根莖小或大，都不會影響葉用蘿蔔的味道。

 生物老師的蔬菜Tip

1 葉用蘿蔔的表面有很多絨毛，小的話可能沒感覺，但大的時候吃起來會有些刮嘴。

2 雖然葉用蘿蔔和馬尾辮蘿蔔長得很像，但是葉用蘿蔔是一種根部不會長蘿蔔的葉菜類蔬菜。

3 會讓盆子中水分蒸發的原因有陽光、風、溫度和花盆的大小等，這些都是造成水分損耗的重要因素。陽光越強風越大或溫度越高時水分就會蒸發越快，除外花盆小的話含水量會很少，水分很快就會乾掉。把花盆放上陽台欄杆處的話，只要半天時間水分就會乾掉，蔬菜也會枯掉，所以要經常檢查確認。

3·4·5 月

茼蒿

- 葉菜類蔬菜
- 3週後可採收
- 表面的土乾時需澆水（每週3次）

 GARDENING POINT

- 長蟲子的話，前期時可以直接抓起來或是用有機農藥稀釋後噴灑。
- 噴農藥後記得不要馬上摘來食用。
- 在國外茼蒿也被當作是觀賞花來栽培。

hudung-e的經驗談

我曾經有過胡亂灑入很多種子，結果一棵都沒長成的經驗。因為通風不好，導致長出了白色的蚜蟲幼蟲，最後全部扔掉。但這種失敗的經驗有利於下次的進步，因此建議最好不斷地進行各式各樣的實驗。

種子外觀

月	栽培時期	需要作業
1		
2		
3		
4	↑	
5		
6	↓	
7		（長花軸的時期）
8	↑	
9		
10	↓	
11		
12		

播種
在花盆中裝80%的土，種下3粒種子，然後蓋上和種子差不多厚度的土壤，利用噴水器噴灑充分的水。

1週後

新葉和本葉
橢圓形的新葉長出來之後，接著會長出尖尖的本葉。長出2～3片本葉後，只留下一棵，其餘的修剪掉。

3週後

開始採收
等到長成茼蒿的模樣後，就可以開始採摘了。從最下面的葉子開始採摘，這樣可以長期採收。

1個月後

確認葉子的狀態
就算只是1週的時間，也可以長到這種程度。如果不經常採摘的話，茂密的葉子會阻礙通風，導致長蟲。

2個月後

在生長中期檢查
天氣越熱，就會越快長出花軸。如果想摘到很多葉子的話，就必須將花軸摘掉，這樣子本來會被花軸吸收的養分就會跑到葉子中。如果你種很多棵的話，採摘下來的量可以煮湯或做成涼拌菜。

2個月後

採收要領
採摘的時候可以摘下面的葉子，或是折斷採摘長得像柱子一樣的主莖幹。即使折斷了主莖，莖和葉子之間也會再長出新的葉子。如果不摘掉主莖的話，採收個2～3次後就會長出花軸。

 生物老師的蔬菜Tip

所謂的「折斷採摘」是指折斷往上生長的主莖幹。等到往旁邊斜長出來的腋芽像手指一樣長的時候，就是到了採收時期了。

3·4·5 月

秋葵

- 葉菜類蔬菜
- 2個月可採收
- 表面的土乾時需澆水（每週2次）

GARDENING POINT

- 葉子如果不及時採摘的話會長出花軸，為防止過早開花必須經常採摘食用。
- 長蟲子的話，在前期就要進行驅蟲或者噴灑稀釋過的有機農藥。不喜歡用農藥的話，可以用噴水器以水來做沖洗。

hudung-e的經驗談

陽台種植的經驗如果只有1年的話，可能會無法分辨秋葵和牛皮菜，但有一定的種植經驗後，就會熟悉各種蔬菜的外觀。像我現在只要看本葉就可以分辨了，所以累積種植經驗是很重要的。

種子外觀

月	栽培時期	需要作業
1		
2		
3	↑	
4		
5		
6	（可以長期採摘）	
7		
8		
9		
10	↓	
11		
12		

種植

播種

在花盆中裝80%的土，種下3粒種子，然後蓋上和種子差不多厚度的土壤，利用噴水器噴灑充分的水。

長出新葉

新葉的模樣和一般蔬菜不一樣，長條心形的新葉有時會被誤認為是本葉，實際上本葉的邊緣是呈現鋸齒狀的。

本葉階段

長出新葉以後，一般1週～10天就會長出本葉。本葉長得比較像南瓜葉和小黃瓜葉。如上圖所示，雖然看起來比我們的食指指甲小一點，但長得很好。

採收

本葉數量增加。長高、長茂密之後，就可以摘下來煮湯或做成涼拌菜。

生物老師的蔬菜Tip

1 秋葵的葉子不及時摘下的話會長出花軸，因為多餘的養分會傳送到花和籽中。長出花以後就不能吃了，為了防止發生這樣的事必須經常摘來食用，能一直摘來吃是件很開心的事！有人會問長出花後就不能吃了嗎？雖然也是可以吃，但是養分都被花吸收了，這樣子葉子變得很小沒有什麼可吃的價值。

2 秋葵和牛皮菜有什麼區別呢？秋葵的莖比較細長，葉子比較小；而牛皮菜莖比較粗，葉子較厚也較不平整。

紅梗牛皮菜

- 葉菜類蔬菜
- 2個月可採收
- 表面的土乾時需澆水（每週2次）

GARDENING POINT

- 牛皮菜分成白梗、紅梗和青梗三種。
- 可以買到幼苗的話，從幼苗開始種會比較快。

hudung-e的經驗談

一開始種植紅梗牛皮菜時，會分不清紅梗牛皮菜和紅甜菜根，但過一段時間後兩者的差異會慢慢地顯現出來。紅甜菜根的葉子接近紫色，紅梗牛皮菜則是更接近鮮紅色，可以去超市比較看看。

種子外觀

（紅梗牛皮菜和紅甜菜根的種子非常相似，用肉眼很難分辨。）

月	栽培時期	需要作業
1		
2		
3		
4	↑	
5		
6	（不容易長花軸，可以像秋葵一樣長期採摘）	
7		
8		
9		
10	↓	
11		
12		

播種

在花盆中裝80%的土，種下3粒種子，然後蓋上和種子差不多厚度的土壤，利用噴水器噴灑充分的水。

3週後

進行修剪

長出本葉後，只保留一棵其餘修剪掉。如果是直接去買幼苗來種植的話，也是每個盆子裡只保留一棵幼苗，剩下的拔掉。拔掉的幼苗除去葉子之後可以拿來吃。

移植

在箱子裡挖一個和幼苗一樣高度的洞，淋上足夠的水後，把幼苗移植到箱子中並蓋上土後再澆水，確保根部都可以充分吸收到水分。

2個月後

採收

採收時抓住上面的莖葉，從下方翻土採收。

 生物老師的蔬菜Tip

1 牛皮菜的種子比一般蔬菜的種子還大也比較硬，因此最好是每天都澆水。

2 紅梗牛皮菜一開始葉子是綠色的，經過陽光照射後會變紅。不要擔心家裡的紅梗牛皮菜為什麼只有莖幹是紅色的，現在馬上到陽台把牛皮菜移到陽光充足的地方吧！

3·4·5 月

青紫蘇

- 葉菜類蔬菜
- 2個月後可採收
- 表面的土乾時需澆水（每週3次）

GARDENING POINT

- 韓國人將青紫蘇（青蘇）稱為芝麻葉。
- 紫蘇比較慢發芽，需要耐心地種植。但是等長出本葉後生長速度就會變快，可經常採摘食用。

hudung-e的經驗談

這是在頂樓菜園所種植的青紫蘇。可以同時在大花盆裡種植很多棵，也可以把一棵種得很茂盛。

月	栽培時期	需要作業
1		
2		
3		
4	↑	
5		
6	↓	
7		
8	↑	
9		
10	↓	
11		
12		

播種

在花盆中裝80%的土，種下3粒種子，然後蓋上和種子差不多厚度的土壤，利用噴水器噴灑充分的水。

1週後

新葉階段

長出新葉的時期，青紫蘇會比其他蔬菜的新葉顏色還深。

2週後

幼苗階段

等本葉長出後，就可以看出模樣了。這時大概像手指般的大小，之後會生長得很快，不需太擔心。長出2～3片本葉後就需要修剪了。

1個月後

在生長中期檢查

這時候葉子比之前還大一些，數量也會多一些，每2週需施些肥讓葉子長得更茂盛、更大片，葉子長到可以包飯來吃的程度最好。

2個月後

檢查能否採摘

當葉子長得像手掌般大小時，就可以採摘了。從大葉子開始摘的話，每2週可以採摘一次。

採收

用手捏住葉柄可以很容易地摘取。

5個月後

花軸的活用

很久都不採收葉子的話，就會長出花軸。把花軸拿來炸得酥酥脆脆的話會很好吃，這可不是常常能吃得到的。它會散發出青紫蘇的香氣，吃起來別有一番風味。

 生物老師的蔬菜Tip

1 很多人誤以為韓國變種的青紫蘇種子，就是製造香油的成分，事實上胡麻才是。

2 把沒炒過的青紫蘇種子種到土裡面會發芽，等到長大之後就可以收種青紫蘇了。

69

3·4·5月

青菊苣

- 葉菜類蔬菜
- 2個月後可採收
- 表面的土乾時需澆水(每週3次)

 GARDENING POINT

- 大部分的菊苣吃起來會苦,會苦的蔬菜有個優點就是不會長蟲。

 hudung-e的經驗談

在三明治裡放入剛摘下來的菊苣,綠綠尖尖的葉子很引人注意。在甜的、辣的、有鹹味的蔬菜中間,放上有點苦味的美味菊苣,可以為沙拉的味道加分。

種子外觀

(青菊苣、紅葉菊苣、紅菊苣、特拉維索菊苣的種子都很相似,很難用肉眼分辨。)

月	栽培時期	需要作業
1		
2		
3		
4	↕	
5		
6		
7		
8	↕	
9		
10		
11		
12		

播種

在花盆中裝80%的土，種下3粒種子，然後蓋上和種子差不多厚度的土壤，利用噴水器噴灑充分的水。

2週後

新葉階段

菊苣類比其它蔬菜還難發芽，過1、2天都還不會發芽。菊苣不需翻土，也不需重新種植，請不要著急這時請耐心地等待2週吧！

1個月後

幼苗階段

等到發芽長出了2～3片本葉後，就會開始快速地生長，這時需要進行修剪。菊苣和青紫蘇一般都是這樣的。

2個月後

在生長中期檢查

葉子變大、變寬，這時已經可以摘來食用了。

2個月後

採收

要按住最外面葉子的裡面，以折斷的方式採摘。等到裡邊的新菊苣葉長出來後，2週左右就可反覆進行採收。

葉子的形狀

摘下來的葉子尾部很皺。放置一段時間或是在炎熱的盛夏時等花軸長出後，葉子會變窄、變長。

 生物老師的蔬菜Tip

菊苣的苦味連蟲子都不喜歡，所以在很會長蟲的烏塌菜（維生素菜）、青江菜、芥菜等作物之間，可以種植菊苣，這樣在某種程度上有抑制蟲子擴散的功效。但最好的驅蟲方法，還是事先做好陽台的通風和管理工作。

3·4·5 月

紅菊苣

- 葉菜類蔬菜
- 2個月後可採收
- 表面的土乾時需澆水（每週2次）

GARDENING POINT

· 種紅菊苣需要耐心，因為它比其他莖幹蔬菜難發芽，如果想種成像市場裡賣的紅菊苣一樣的話，需要花1～2個月的時間。

hudung-e的經驗談

1 右圖紅菊苣正長出花軸。在尖尖的葉子之間長出的長條，1個月後會像第7個步驟一樣盛開紫色的花，而長得比原本尖尖的葉子高度還長的，就是花軸了。

2 在土壤中生長的莖幹是白色的，在土壤外生長的莖幹經過陽光的照射後成了原本應有的紫紅色。為了讓紅菊苣顏色更多樣化，我從第2個月就開始用土覆蓋。

種子外觀

月	栽培時期	需要作業
1		
2		
3		
4		
5		
6		
7		
8		
9		
10		
11		
12		

播種

挖洞種下3粒種子，蓋上和種子差不多厚度的土壤，利用噴水器噴灑充分的水。

1個月後

修剪植株

等到長出2～3葉本葉後，一個洞裡只留下一棵，其餘的全部修剪掉，修剪下來那些，可以拔除沾到消毒水的葉子，其餘的可以當成嫩葉蔬菜來吃。

2個月後

本葉階段

等到長出5～6片本葉後，模樣會和市場裡賣的紅菊苣很像。在幼苗時是長橢圓形，長成後會變尖，這個時候就可以採收了。

3個月後

在生長中期檢查

在杯子裡種植也可以長得很好，葉菜類在那麼小的容器裡栽種，也可以反覆採收。

4個月後

採收階段

在陽光充足的陽台種植，莖幹會變粗。就算陽光不足也可以採收一定的量，但陽光充足與否，則成了植物是否可以苗壯成長的重要關鍵。

採收

採收時從最外面的葉子開始，以由上往下的折斷方式採收。

花和種子

紅菊苣如果長時間不採收，會長出紫色的花，花謝了後會得到種子。種子風乾後，必須用白紙包好，保存在陰涼處。

3·4·5 月

首爾白菜

- 葉菜類蔬菜
- 1個月後可採收
- 表面的土乾時需澆水（每週2次）

 GARDENING POINT

- 首爾白菜也叫秋冬白菜。
- 一開始先撒入充足的種子，之後再進行修剪。
- 甜甜香香的味道是它的特點。等到長出了3～5片的本葉後，可以採收做成沙拉來吃，吃起來嫩嫩的味道很棒。

hudung-e的經驗談

把液肥稀釋後噴灑在植物上可以讓其快速地生長，但噴灑過後最好是先被雨水淋過，或是用水充分洗過再吃會更好。如果只是噴在土上沒有噴在葉子上，直接摘來吃也沒有關係。

種子外觀

（首爾白菜、青江菜、烏塌菜、芥菜、白菜、白青菜、球芽甘藍的種子都很相似，用肉眼很難分辨。）

月	栽培時期	需要作業
1		
2		
3		
4	↑	
5		
6	↓	
7		
8	↑	
9		
10	↓	
11		
12		

播種

在花盆中裝80%的土，種下3粒種子，然後蓋上和種子差不多厚度的土壤，利用噴水器噴灑充分的水。

嫩葉階段

長出嫩葉後，移到陽台陽光充足的地方。

修剪

長出本葉後，從茂密的地方開始修剪，修剪後的首爾白菜會長得更大。把修剪下來的摘掉新葉後，可以當作嫩葉蔬菜來吃。

採收

現在可以採收了。抓住根部用力地拔起就可以了，如果力量過大，有些根會沒拔到留在土裡，反正根也不會長出葉子，所以也無所謂。

生物老師的蔬菜Tip

1 種到杯子裡時，不管是把它放在陽台或窗台都可以。

2 因為新葉會沾到消毒水，所以吃的時候要將其摘除。一般在市場裡買的蔬菜種子，都會經過種子商用農藥消毒的過程，雖然農藥可以讓植物生長苗壯，但長出來的新葉無可避免地還是會沾上一些農藥。

3 並不是所有在市場裡賣的種子都有經過農藥消毒的。不過像是吃新葉的芽菜類蔬菜、吃嫩葉和剛長出來本葉的嫩葉蔬菜，都會被標示上是未經消毒的種子，因此可以放心地選購。

3·4·5 月

韭菜

- 葉菜類蔬菜
- 1個月後可採收
- 表面的土乾時需澆水（每週2次）

 GARDENING POINT

- 需要聚集種植。
- 比起直接種到土裡，最好是先在棉花上讓它發芽會更好。
- 分株種植時，請在深度較深的花盆裡，裝入足夠的化肥後再種植。

hudung-e的經驗談

韭菜必須集中種植的原因如圖所示。若分散種植的話，採收時會很麻煩，在管理上也不容易。

種子外觀

月	栽培時期	需要作業
1	↑	◀播種2～3個月後分株
2		
3		◀2個月施一次肥
4		
5		
6		
7		
8		
9		（可長年不斷地播種採收）
10		
11		
12	↓	

發芽

把種子放到棉花或廚房紙巾上，澆水讓棉花或紙巾濕潤再蓋上保鮮膜，之後種子的表皮會自動剝除，白色的根就長出來了。這時不要遲疑馬上移到土裡聚集種植，蓋上和種子差不多厚度的土壤。種子數量如上圖所示。

太陽的照射

當長成像手指那麼長之後，就要開始讓它曬太陽了。還沒發芽的韭菜種子，過了一段時間之後，大部分都會陸續地發芽。

採收

現在可以採收了。從土壤上方開始算起，留下一個指關節的長度，其餘的剪下採收。韭菜可以長年反覆不斷地採收。

分株

等到根和莖幹變粗後，會導致種植空間不足，因此需要分開種植。

🐞 **生物老師的蔬菜Tip**

1 買回韭菜幼苗之後，必須要種到花盆裡。在花盆裡挖出和幼苗一樣深度的洞，種入幼苗後噴灑上足夠的水。

2 要在棉花上播種的原因是，在土壤裡播種水分容易供應不足，在棉花或紙巾上播種更能確保水分的供應。

3 如果韭菜的根完好無缺的話，連續10年20年都能持續地採收。

3·4·5 月

垂盆草

· 葉菜類蔬菜
· 2個月後可採收
· 表面的土乾時需澆水（每週2次）

 GARDENING POINT

· 買回垂盆草後，發現就算沒有根也可繁殖，所以請試著浸泡在水中栽培看看吧！

 hudung-e的經驗談

因為很難買到帶有垂盆草根的垂盆草，我就在想這是不是很難種植，沒想到我把莖浸在水中，卻意外地長出了根，真是嚇了我一跳。如果在種植時有不懂的地方，可以上網查查看或是親自嘗試新的方法，這樣對種植會有很大的幫助。

月	栽培時期	需要作業
1		
2		
3		
4		
5		
6		
7		
8		
9		
10		
11		
12		

準備材料

準備垂盆草 3 ～ 4 株、花盆、土、水杯。去超市買回垂盆草後，拿出 3 ～ 4 株讓其繁殖即可。

長根

把垂盆草的莖浸在水杯中，浸水的根 1 週內會慢慢地長出白色或紅色的根。

分株

培育 2 週後根會變長，會像照片一樣纏繞在一起，請小心不要傷到根部，慢慢地用手把它分開。

展開根部

在種入土中之前，要把根整理整齊，可以利用像照片一樣的網架，這樣種植起來會很方便。

種入土中

在土中挖出像手指關節般深的洞，把長出根的垂盆菜斜斜地放入。

蓋土

用泥土輕輕地蓋在根部的位置，剩餘的莖和葉子要讓其接觸到空氣。

澆水

蓋上土後，用噴霧器灑上充足的水。這樣曾經在水中浸泡過的根部，才會在相似的環境中扎根。

在生長中期檢查

等到扎根後，莖就開始生長。就算沒有特別的養分，也能正常地生長。

繁殖

就算只種植一株，1 個月後也會看到它繁殖出比原本多好幾倍。如果種植 4 ～ 5 株的話，就可以大量地採收來做成小菜或沙拉。

3·4·5月

小番茄

- 果實類蔬菜
- 5個月後可採收
- 表面的土乾時需澆水（每週2次）

GARDENING POINT

- 第一個花軸必須除去。
- 一定要修剪腋芽。
- 每2週施一次肥。

hudung-e的經驗談

1 雖然可以直接購買種子來種，但也可以將小番茄切一半從裡面取出種子。把種子外面包裹的膜去掉風乾，用廚房紙巾保管好即可。

2 另外，能好好善加利用尚未完全成熟的果實醃製「小番茄」。一般的醃製只要浸在梅粉或醋中就可以了，如果不喜歡未成熟的果實皮，可以將用刀畫好十字的小番茄，稍微在沸水浸泡後再剝皮醃製。

種子外觀

月	栽培時期	需要作業
1		◀2週施一次肥
2		
3		
4		長出幼苗進行移植
5		
6		建支架，修剪腋芽
7		
8		
9		
10		
11		
12		

培育幼苗

可去購買幼苗種植。種植到長出 4 ～ 5 片本葉時，就可以移植到花盆裡了。

移植

在花盆中挖個拳頭般大小的洞，澆上水並種入幼苗。

立支架

移植之後，為了使樹枝不搖晃需要立支架。

除去第一個花軸，授粉

為使葉子和根部茁壯成長、養分集中，要把第一次長出來的花軸除掉。拍一拍開了花的梗，會看到落下的黃色花粉。

修剪腋芽

本莖和葉子之間的葉腋處長出的幼芽要去除，這樣小番茄的莖才能長出花蕾，養分也才能集中在花和果實上。

結果實

授粉後花萼處會長出像小珍珠大小的淡綠色小番茄。這時候要去除 2 ～ 3 個分枝末尾的果實，這樣以後長出的果實才會均勻。

在生長中期檢查

每根都會長好幾顆小番茄。少的話一根長 1 ～ 2 顆，多的話一根長 15 ～ 20 顆，這會依據養分的供給程度而定。

採收

等到成熟變成紅色的果實後，就可以用手摘或用剪刀剪下。

🐞 **生物老師的蔬菜Tip**

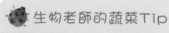

向上筆直的原莖幹和葉子之間所長出的小葉子是腋芽，腋芽不去除的話，會讓原本應提供給果實的養分跑到不必要的葉子身上，造成果實成長緩慢，所以必須除去。剪下的分枝插入水中會長出根，可以再次拿來種植。

拇指青辣椒

- 果實類蔬菜
- 3個月可採收
- 表面的土乾時需澆水（每週2次）

GARDENING POINT

- 推薦買幼苗回來種植。
- 用幼苗種植3個月後即可採收；用種子種植則4個月後可立即採收。
- 需立支架。

hudung-e的經驗談

1 種植辣椒要調節濕度，澆太多水會因為過濕而導致生病或土壤上長毛。為了預防這種情況，最好種植在通風的窗口或陽台護欄旁。

2 第一次種植辣椒時，我曾因為捨不得摘掉第一朵花，導致之後的莖和葉子長得不好，讓我後悔莫及。

種子外觀

月	栽培時期	需要作業
1		◄2週施一次肥
2		
3		
4		長出幼苗進行移植
5		
6		建支架，修剪腋芽
7		
8		
9		
10		
11		
12		

2週後

1

幼苗階段

在花盆中裝80%的土，種下3粒種子，然後蓋上和種子差不多厚度的土壤，利用噴水器噴灑充分的水。等到長出2～3片本葉時，水分很容易蒸發，注意不要讓花盆土壤裡的水分變乾，每天早晚都要確認一次。

1個月後

2

移植幼苗

長出4～5片本葉時，就會漸漸開始長花蕾。把土壤和化肥以8：2的比例混合後，放入四方約20公分寬的保麗龍箱裡，然後在土壤中挖一個和幼苗差不多深度的洞，在洞裡灑上充足的水把幼苗種下去，蓋上土後記得要澆足夠的水。

2個月後

3

摘花蕾

開花後，第一個在Y字部位長出的花要去除掉，因為根和莖的葉子必須長得更結實才行。開花的話會吸走養分，導致整體生長緩慢。

2個半月後

4

觀察果實

長到這種程度的大小後，會結成辣椒，此時果實會從葉子那吸取足夠的養分。

3個月後

5

防蟲害

在陽台窗口通風的地方放置保麗龍箱，防止蟲害產生。另外可以打開窗戶，藉由風來幫助花蕊自然地授粉。

3個月後

6

採收

花謝後可能會在辣椒上留下花的殘體，這是一種自然現象。等到長得比照片更碩大時，就可以採收了。

 生物老師的蔬菜Tip

1 種子若用水泡一個晚上的話，更容易發芽。

2 果實是從花裡面長出來的。中間綠色、上面黃色的是雌蕊柱頭，周圍沾著綠色花粉的是雄蕊柱頭。辣椒花裡同時有雌蕊和雄蕊，因為相隔很近透過風就可以完成授粉。

3 一般辣椒和拇指青辣椒的區別：一般的辣椒長得比一根手指還長，主要是長條形且大部分都較辣。相反地，拇指青辣椒的長度和手指差不多，比較肥也不太有辣味，不管是生吃或醃製都很好吃。

3·4·5 月

青豌豆

- 果實類蔬菜
- 4個月後可採收
- 表面的土乾時需澆水（每週2次）

 GARDENING POINT

- 可以買青豌豆的種子來種，或是在青豌豆量產的季節時，把買來的青豌豆曬乾後種植。
- 豌豆是需要立支架的植物。

hudung-e的經驗談

就像小時候用充滿好奇的心閱讀童話書《傑克和碗豆》的故事內容一樣，豆子每天都長得不一樣，一粒粒變得飽滿的豌豆不斷給人神奇的感覺。如果是有小孩的家庭，我建議一定要試著種植豆子看看，這對成年人來說也是個新奇、有趣的經驗。

月	栽培時期	需要作業
1		
2		
3	在陽光充足的室內種植幼苗	2個月施一次肥 / 設立支架
4		
5		
6		
7		
8		
9		
10		
11		
12		

種豆子

為了讓它快速地發芽，先將青豌豆放入水中泡一天，然後再放到花盆裡種植，蓋上和種子差不多厚度的土，最後用灑水壺灑入充足的水。

2週後

長幼苗

長出葉子和捲鬚。當幼苗也長到有張開兩指間的寬度時，在花盆裡放入80%的土，挖一個和幼苗差不多深的洞，把幼苗移植到花盆裡。

架設支架

在花盆裡插入細瘦的園藝用支架，用繩子纏繞固定。方法有很多種，所以可以試著多搭幾種看看，這主要是為了讓捲鬚有可以纏繞的地方。但等到像照片中的捲鬚開始纏繞了，才架設支架的話就太遲了。

2個月後

長豆莢

等到開出白色的花時會長出豆莢，這時要經常開窗通風，不要讓它長蟲。

3～4個月後

採收

當豌豆莢肥大、飽滿時用剪刀剪下。放入米飯中煮或是蒸來吃，吃起來都很鮮嫩。

 生物老師的蔬菜Tip

1 從國中所學的孟德爾實驗中，可以知道豆莢有圓的也有長形的，除外也有些長得皺皺的，有很多種不同的特徵。在陽台種植的豌豆通常都不會長得一模一樣，這對於理解豌豆的多樣性來說，是個不錯的好方法。

2 豌豆不需要人工授粉，只要開著窗就可以長出豆莢。萬一豌豆不能自然地長出豆莢，幾朵花凋謝後，可以用毛筆把選自它株的花粉沾到成熟的柱頭上。

3 豌豆是從種子兩邊按順序長出根和葉子的，種子比別的蔬菜還大，而且在種植初期也可以生長得很好。

四季豆

- 果實類蔬菜
- 3個月後可採收
- 表面的土乾時需澆水（每週3次）

 GARDENING POINT

- 從市場裡買回來的四季豆，可直接拿來種植。
- 豆類發芽和收穫都很快速，可以立即感受到種植的樂趣。
- 四季豆會長蔓藤，需要設立支架。

 hudung-e的經驗談

如果採收的豆子數量太少不知道怎麼料理的話，可以在煮飯時加入飯中。可以藉由這種烹調方式，來體驗自己收穫的喜悅。

月	栽培時期	需要作業
1		
2		
3	↑ 在陽光充足的室內種植幼苗	↑ 設立支架
4		
5		
6	↓	
7		↓
8		
9		
10		
11		
12		

（2個月施一次肥）

培育幼苗

在花盆裡放入 1 ~ 2 粒四季豆，蓋上和四季豆差不多厚度的土。四季豆種植 2 週後會長出約 2 片的本葉，保留一棵其餘拔掉。

架設支架

四季豆的蔓藤會往上攀爬，為了支撐住莖需要架設支架。可以透過種苗商或在網路上購買適合高度的支架。

開花

1 個半月後會長出花蕾，再 1 ~ 2 天後就會開花了。四季豆的花裡同時有雌蕊和雄蕊，經由風吹就可以授粉。

長豆莢

花謝後就會長出豆莢，豆莢末端所掛著的花不要摘掉，讓它自然脫落，這樣對四季豆的生長有很大的幫助。

豆莢檢查 1

等到豆莢變大後，就可以看到裡面長出的豆子了，長豆子的期間盆子要放到陽光充足的地方。

豆莢檢查 2

這時候四季豆開始長成鼓鼓的樣子了。這個狀態的豆子已經到了開始成熟的階段，豆莢的顏色會慢慢地變淺。

採收 1

豆莢顏色變淺就是採收的信號，而當豆莢變黃開始長出點點的紅色花紋時，就可用剪刀剪下豆莢上方的莖。

採收 2

剝開皮就可以看到裡面紅紅的豆子，將其風乾後明年還可以拿來種植。

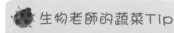

🐞 **生物老師的蔬菜Tip**

如果用竹筷子來當作支架使用的話，竹筷上的漂白劑會滲入土壤，而且竹筷浸水容易腐爛，所以最好不要使用竹筷。

3·4·5 月

小黃瓜

- 果實類蔬菜
- 種下幼苗的2個月後可採收
- 表面的土乾時需澆水（每週3次）

GARDENING POINT

- 黃瓜會長蔓藤需要架設支架。
- 小黃瓜需要很多水和養分。
- 在噴灑有機農藥時，請在看起來有異狀的葉子表面上充分地噴灑。
- 長出果實後不要特地摘下花，請讓它自然地脫落。

hudung-e的經驗談

1 小黃瓜會培育失敗的原因之一，就是因為花盆太小的關係所致。在那麼小的花盆裡就算放入很多營養劑，也會因為根部無法順利地伸展而導致長不大，就算長成了也只能結出小小的小黃瓜，數量也沒辦法變更多。

2 剛開始時，雖然多數的小黃瓜都是呈現筆直的型態，但隨著生長時間越長小黃瓜就會越彎，下面的部分會長得比較粗大，此時要藉由尿素或稀釋後的液肥來補充養分。

月	栽培時期	需要作業
1		
2		
3		
4	長幼苗，移植	設置支架或攀爬網
5		
6		
7		
8		
9		
10		
11		
12		

種植

1

播種

在要培育幼苗的花盆裡裝入80%的土壤，挖個洞放入種子蓋上土，然後用灑水壺噴灑充分的水。

2 2週後

幼苗階段

此時會長出比較大片的嫩葉和本葉。

3 3週後

長蔓藤

等到長出3片本葉時，就是到了快要長出蔓藤的時間了。在這之前先移植到要正常種植的花盆裡，這樣才能長得結實，欄杆的架子或繩子都可以拿來當作支架。

4 1個月後

開花階段

這時候會開花，每株都會長出雌花和雄花兩種不一樣的花。一般來說，它會自然地凋謝然後長出果實；但是如果試了幾次都不行的話，可以拿雄蕊的花粉沾到雌蕊的柱頭上。

5 2個月後

提供養分

隨著小黃瓜長大，所需要的養分也會增多。液肥稀釋後每週施1次肥，或是每2週減少一點土壤，然後放入和減少的土壤份量差不多的化肥在花盆中。每棵莖上只留下一顆果實避免養分分散，小黃瓜才能正常長大。

6

採收

小黃瓜的蒂很刺，因此我們使用剪刀來採摘。把採收的小黃瓜放入冰箱冷藏，這樣吃起來會更清爽、更甜。

🐞 **生物老師的蔬菜Tip**

1 小黃瓜可採收小的，也可以採收大的。因為就算不經過授粉也可以採收像手指般長度的小黃瓜或更大一點的小黃瓜，而有一些品種如果經過授粉的話，可摘到有籽的小黃瓜。也就是說，經過授粉就可進行果實的繁殖。

2 小黃瓜長不大時，可透過人工授粉把雄蕊的花粉直接沾到雌蕊的柱頭上。先將雄蕊折過來把裡面的花粉灑在手背上，確認過後再沾到雌蕊的柱頭上。

3 把陽台的金屬架子當作支架讓蔓藤纏繞，當然也可以放在樹木旁邊種植。

| 3·4·5 月 |

小南瓜

- 果實類蔬菜
- 種下幼苗的3個月後可採收
- 表面的土乾時需澆水（每週3次）

 GARDENING POINT

- 最好買幼苗種植，如果是在很難買到幼苗的時期，可以先把種子放入水中浸泡，等到長出2～3片本葉後再進行移植。
- 要整理南瓜花的個數，這樣才可以防止養分分散。
- 會長粉虱，可以噴灑稀釋過的天然殺蟲劑，或是每隔幾天用灑水壺噴灑蛋黃油（蛋黃油配方：水100ml＋美乃滋3茶匙）。

月	栽培時期	需要作業
1		◀2週施一次肥
2		
3		
4	長幼苗，移植	設立支架或除去剛開始長出來的花和蔓藤
5		
6		
7		
8		
9		
10		
11		
12		

培植幼苗

把種子放入水中浸泡後放入土壤裡，蓋上和種子差不多厚度的土，用灑水壺噴灑充分的水，2～3天內就會發芽。在盆子裡或直接在保麗龍箱種植都可以。

在生長中期檢查

當本葉數量增加時，在葉柄的部分會慢慢長出細細的莖，在莖的地方再長出莖是小南瓜的特徵（小黃瓜和西瓜也是一樣的）。

架設支架

如果看到幾個變長的莖幹處長出蔓藤的話，就要架設可以讓它攀爬的支架。在堅固的竿子上用繩子綁好，做成像網子的形狀，照片中所看到的鋁製支架可以透過種苗商或網路購買。

除去第一朵花

第一朵開的花要除掉。增加莖和葉子的數量是為了開花結果後，也可以透過光合作用製造充分的養分。照片中是掛著小南瓜模樣的雌花。

整理花的個數1

小南瓜有很多花蕾，如果放任不管的話，養分就會分散，這樣就難以結成大顆的果實。每株莖留下一朵雌花，其餘的請除掉。

整理花的個數2

這是摘下來的花蕾和捲鬚。下端處第一次長出的捲鬚也是要和多餘的花一起除掉，目的是確保養分的供給。

人工授粉

小南瓜是需要人工授粉的，雌花盛開後可用柔軟的毛筆把雄蕊的花粉沾染到雌蕊的柱頭上，這樣授粉就完成了。沒有毛筆的話，就用棉花棒或是衛生紙輕輕地抹上。

培育果實

人工授粉成功的小南瓜會慢慢地長大，會比手指還要長。這時候很需要養分，所以可以給小南瓜噴灑稀釋過後的液肥或是固態肥料，這樣小南瓜就可以長得很好。

採收

摘的時候不能用手，請用剪刀剪下瓜蒂。用花盆種植的小南瓜吃起來也很甜。

3·4·5 月

茄子

- 果實類蔬菜
- 種下幼苗的3個月後可採收
- 表面的土乾時需澆水（每週3次）

GARDENING POINT

- 最好買茄子的幼苗種植。
- 通常在4～10月採收，不過要視地區和日照而定。
- 茄子是很喜歡陽光的植物，所以盡量不要讓葉子互相遮擋住陽光。
- 要施肥。若每2週施一次肥的話，果實可以長得很大。

月	栽培時期	需要作業
1		
2		
3		
4	長幼苗，移植	
5		架設支架
6		
7		
8		
9		（視地區和日照環境而有所差異）
10		
11		
12		

種植

1 購買幼苗

買來幼苗後，在花盆裡裝入80%的土和化肥，以8：2的比例混合後，在花盆中間挖一個和幼苗差不多大小的洞種下，再灑上充分的水。

2週後

2 花和授粉

開花後可以經由風自然地授粉，但是像步驟1那麼小的時候，必須把花除掉才能長得更高，這樣以後茄子長出來後，才能支撐得住。

1個月後

3 結果

授粉後就會變得像照片一樣。花枯萎後就會長出小茄子，這時不需特地把花摘掉，請讓它自然地脫落。

1個月後

4 在生長中期檢查

不要讓葉子互相擋住陽光，重疊的葉子請摘掉，或撥到另一邊綁好。

3個月後

5 確認是否可以採收

果實成熟後，要在變老之前採收，這樣其他的小果實才可以得到充分的養分。

3個月後

6 採收

摘茄子的時候不要用手摘，請用剪刀剪。瓜蒂上的小刺如果刺入手中的話，很難看見要特別小心。

🐞 生物老師的蔬菜Tip

當葉子緊貼住茄子成長時，果實內側會出現淡綠色的紋路，那是因為被貼住的部分被葉子擋住而無法吸收到陽光，因此不能變成紫色。

藍莓

- 果實菜蔬
- 1年可以收穫1次
- 表面的土乾時需澆水（每週3次）

GARDENING POINT

- 最好購買3年以上的苗木來種植。
- 最好使用「泥炭」弱酸性土壤種植，並將床土和泥炭以1：1的比例混合後使用。
- 通常4月長葉，5月中開花。

hudung-e的經驗談

1 如果欄杆附近沒有地方可以種植的話，可以在陽台內側種植。另外，因為沒有風的地方會無法進行授粉，在花開的時候，每天至少要1次把花盆放上欄杆處1～2小時。

2 如果以為已經成熟了就馬上摘下來，結果發現有一側是淡綠色的，若還沒全熟的話會很可惜。所以在摘之前，請先確認是不是已經變成紫黑色？是不是已經完全成熟了？如果還沒成熟的話，酸味會比甜味還重。

月	栽培時期	需要作業
1	過冬	長葉子前要施肥
2		
3	長葉	
4		
5		
6		
7		
8		
9		
10		
11	過冬	
12		

5月初

5月中

購買花盆

這是購買 3 年生的藍莓苗木，雖然也可以從種子開始種植，但是這樣從播種到結果實，需要花好幾年的時間，所以建議從苗木開始種植。如果是已經開花的苗木，可以更快看到結果。

自然授粉

藍莓授粉完全可以經由風來進行，不需要一一用毛筆進行授粉。在有風的時候，把花盆放在窗台，經過 1 ～ 2 天的時間，花就會凋謝並且開始結果。

結果

開始的時候，藍莓是淡綠色的，之後會慢慢地茁壯。

8月中

採摘果實

開花 2 ～ 3 個月後，果實會成熟變成紫色，等到淡綠色的藍莓變成紫色後，果實會更大一些，這是自然現象不必覺得奇怪。

🐞 生物老師的蔬菜 Tip

藍莓的花萼長在果實的末端，看起來像戴了個皇冠一樣，那個地方就是花萼。

3·4·5 月

西瓜

- 果實類蔬菜
- 3個月後可採收
- 表面的土乾時需澆水（每週2次）

GARDENING POINT

- 不要用種子培育，請購買嫁接過的幼苗。
- 會長捲鬚，要在寬敞的地方種植。
- 必須經由人工授粉。

hudung-e的經驗談

在梅雨季節時，雖然初期我只採收到拳頭兩倍大的西瓜，但吃起來就像買回來的西瓜一樣很甜、很清爽，那是我記憶深刻的夏天回憶。市場上賣的嫁接幼苗大多都是精選過的品種，好好挑選的話，可以種出相當香甜的西瓜。

月	栽培時期	需要作業
1		
2		
3		
4	↕ 移植	長幼苗
5	↑	
6		
7	↓	
8		
9		
10		
11		
12		

種入幼苗

在大小和泡菜桶差不多的30cm×50cm以上的花盆中，放入以8：2比例混合的園藝用床土和化肥。挖出和幼苗差不多高度的洞後，把幼苗種入土中。

1週後

生長

因為是嫁接的幼苗，所以可以看到比用種子種植還更茂盛的生長模樣。

15天後

去除葉子

為了不阻礙西瓜生長，在初期時，要把靠近嫁接根部位置的植物葉子除掉，葉子的外觀和西瓜葉不一樣，一眼就可以看得出來。

人工授粉

用棉花棒把雄蕊的花粉沾到雌蕊的柱頭上，進行人工授粉時，小心不要讓雌蕊的柱頭受到損傷。

2個月後

在生長中期檢查

這是授粉成功後，結瓜45天後的模樣。開花後再50～60天左右就可採摘了。

3個月後

採收

皮雖然很厚，裡面卻是紅色的，吃起來會比看起來還要甜、還要好吃。

 生物老師的蔬菜Tip

1 雄蕊的花軸下方只有莖，一旦花謝了就會直接掉落。
2 雌蕊的花軸下方結有西瓜模樣的果實，如果沒有經過授粉西瓜就會變黃，接著脫落。

97

6·7·8 月

蘆薈

- 葉菜類蔬菜
- 用幼苗種植可反覆採收
- 表面的土乾時需澆水（每週1次）

GARDENING POINT

- 購買可以食用的蘆薈品種來種植。
- 蘆薈葉照射太多陽光的話容易變黑，但只要重新放回陽光少的地方，就會再度變回綠色。

hudung-e的經驗談

如果在照片那麼小的狀態就分株種植的話，生長過程會拉長，而且能存活下來的個數也會很少，所以最好在步驟4的階段分株種植。

月	栽培時期	需要作業
1	↑	
2	（全年皆可種植）	
3		
4		
5		
6		
7		
8		
9		
10		
11		
12	↓	

購買幼苗

從蘆薈的幼苗開始種植就可以了。

生長過程

種入花盆裡，只需要水和陽光。過了 1～2 個月後，蘆薈葉會明顯增多，蘆薈早習慣乾燥地方的植物，因此不需澆太多的水。

移植

蘆薈是很容易繁殖的植物。如果土壤上方長出蘆薈的話，像指甲一樣小的時候可以放任不必管它，但等它再長大一點，且靠近根部的基部比條狀年糕還粗時，需拿剪刀剪下將其分株。

分株幼苗

分株時會出現根部的斷面，請馬上將其斷面埋入乾淨的床土中，噴灑充分的水，這樣移植的動作就結束了。移入盆子後，確認根部是否完全被泥土覆蓋住，接著澆水放在陰涼處 2 週使其適應。

採收

抓住最外層葉子靠近基部那頭，以往下折斷的方式摘下。

取出果肉的方法

把兩邊有刺的部分剪掉，撕開寬面的皮，這樣子就可以簡單地挖出裡面的肉了。

 生物老師的蔬菜Tip

1 可以食用的蘆薈品種有中華蘆薈、翠葉蘆薈等。

2 像仙人掌、多肉植物、蘆薈這種在熱帶地區生長的植物，其葉子都很厚，如果灑太多水的話根部容易爛掉，這點請特別注意。

迷你紅椒

- 果實類蔬菜
- 6個月後可採收
- 表面的土乾時需澆水（每週2次）

GARDENING POINT

- 比起用種子種植，更推薦使用幼苗種植。
- 沒有幼苗的時候，可以從買來的迷你紅椒中挑出種子來種植。

hudung-e的經驗談

紅椒從綠色到完全成熟需要一點時間，但一旦末端的顏色開始起變化，只要1～2天就會像塗顏料般瞬間完全變色。

種子外觀

月	栽培時期	需要作業
1		◀2週施一次肥
2		
3	長幼苗，移植	
4		
5		
6		
7		
8		
9		
10		
11		
12		

幼苗階段

把用水泡過的種子拿去種後，2週就會長出長形的嫩葉和本葉。把種子放入碗中泡1～2天就可以了，如果是購買幼苗來種植，則可以略過這個階段。

確認開花

此時開始開花。一般不用經過人工授粉，藉由風吹就可以完成授粉。如果花一直凋謝的話，要檢查一下是不是養分不足，或是花盆太小導致根部無法伸展。

整理花蕾個數1

開始長出幾個花蕾時，不要全部都留下，每枝留下一個花蕾，其餘的修剪掉。如果不這樣做的話，養分會分散，這樣會很難採收到大顆的果實。

整理花蕾個數2

這是為了整理花蕾個數所摘下來的花蕾，雖然很可惜，但必須這麼做。長太多花蕾的話，莖幹間的通風會變得很差，結果實的期間必須常給植物通風，以防長蟲子。

供給養分

花謝後長出果實的話，要注意養分的供給，需每2週施1次稀釋過後的液肥或是添加化肥。

採收

迷你紅椒完全成熟之後，以剪刀剪下果蒂的方式來採摘。照片後方的果實，雖然顏色還是綠色的，不過吃起來味道還是很甜的。

生物老師的蔬菜Tip

1 一不注意就會長蚜蟲，牠們會密密麻麻地成群結隊在葉子後方。在牠們擴散之前可以用手抓，也可以用噴灑稀釋過的農藥。如果覺得用手抓有困難的話，可以使用膠帶。

2 用糖漿和水以1:1的比例稀釋，在有蚜蟲的地方做噴灑。稀釋液乾了之後會把蚜蟲的呼吸孔堵住，這樣蚜蟲就會死亡（使用牛奶稀釋液也行）。在晴朗的天氣中，只要半天糖漿就會乾了，之後再用清水清洗。如果枝的連接部位變得有斑點也沒關係，不會影響到結果實。

落葵

- 葉菜類蔬菜
- 3個月後可採收
- 表面的土乾時需澆水（每週2次）

 GARDENING POINT

- 比一般的蔬菜少澆一點水。
- 因為種子數量很多，所以第2年要種的種子可以事先保管好。

 hudung-e的經驗談

落葵葉子長厚實後，可以用來包飯、做沙拉、炒蔬菜、煮湯等。剛開始吃時可能會不習慣，嚐過幾次味道後，就會變成自己愛吃的蔬菜。

種子外觀

月	栽培時期	需要作業
1		
2		
3		
4	長幼苗	
5		
6		
7		
8		
9		
10		
11		
12		

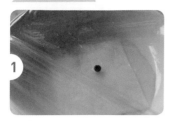

準備種子

把棉花或廚房紙巾打濕後，將落葵種子放在上面，蓋上保鮮膜後，在上面戳幾個呼吸孔。1～2週內種子的表皮就會裂開，這個時候請馬上移植到土裡。

1～2週後

播種

在土壤裡挖個和種子差不多大小的洞，種入3粒種子蓋上土，然後用噴水器噴水。

1個月後

本葉階段

等長出2～3片本葉時，只留下一棵其餘拔掉。落葵的葉子很厚、莖很粗，本葉長出來後，可馬上摘來食用。

在生長中期檢查

如果陽光充足，葉子的顏色就會變成紫色。

3個月後

開花階段

花開了，但是落葵的花和一般的花不同，落葵花不會盛開，只會開得像圓圓的花蕾一樣。

捲鬚階段

當莖開始變長時，就會像藤蔓一樣往上攀爬，這時必須設立支架讓它攀爬。

4個月後

果實階段

花蕾顏色會變黑色，掛在枝上的果實變成熟了。

保管種子

綠色還沒完全成熟的種子需讓它再成熟一點，只摘下黑色已成熟的種子，放在陰涼處風乾。等到乾了之後，密封包好放在陰涼處保存，第2年可以當作種子使用。

 生物老師的蔬菜Tip

1 落葵花不像一般的蔬菜，它不會開花只保持花蕾的狀態，且只會有顏色上的改變。花成熟時會變成黑紫色的，那是果實也是種子，最好將它放在陰涼處風乾保存。

2 剪下分枝種入土中也可以繁殖。

茴芹

- 葉菜類蔬菜
- 1個月後可採收
- 表面的土乾時需澆水（每週2次）

GARDENING POINT

- 盡量購買種子來種植。
- 在採收包葉蔬菜（拿來包肉、包菜的蔬菜）時，也可以順便採摘幾株茴芹，這樣可以吃到各種不同感覺的味道。
- 茴芹是蔬菜中相當容易種植的品種，所以我特別推薦。

hudung-e的經驗談

拿生菜、菊苣、紅甜菜葉、烏塌菜等蔬菜包飯來吃的話，會發現味道都很相似。因為平常吃生菜覺得有點膩，就正好想起自己種植的茴芹，所以馬上到陽台菜園摘了一些，品嚐更清香的味道。每種生菜都摘一兩片葉子混合著吃，這樣料理也會變得更豐盛。

種子外觀

月	栽培時期	需要作業
1	↑	◀ 每月施一次肥
2		
3		
4		
5		
6		（全年都可以採收）
7		
8		
9		
10		
11		
12	↓	

播種

在花盆中裝80%的土，種下3粒種子，然後蓋上和種子差不多厚度的土壤，利用噴水器噴灑充分的水。

長出本葉

發芽後，本葉是疊在一起長出來的，過一段時間就會慢慢地張開。等到長出2～3片本葉，只留下一棵其餘的除掉。

在生長中期檢查

莖變長，葉子也會變大，這個時候就可以採摘了。

採收

從靠近根部最外面的那一株開始一根根地採摘。茼芹和韭菜一樣，是一種就算採摘食用之後，還會不斷地長出葉子的奇特蔬菜。

生物老師的蔬菜Tip

1 如果在花盆裡灑入水，再用保鮮膜蓋住會減少水分的蒸發，這會比暴露在空氣中更快地長出芽來。蓋保鮮膜時，記得要在一邊開一個小角。

2 採摘時在切割的斷面上會看到一個小孔。

3 茼芹是葉菜類蔬菜，所以充足的陽光和週期性的施肥，可以讓它長得更好。

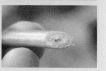

芝麻葉

- 葉菜類蔬菜
- 1個月後可採收
- 表面的土乾時需澆水（每週2次）

🌱 GARDENING POINT

- 芝麻葉在陽光充足的陽台種植，只要短短1個月就可以採收了。
- 只要不是盛夏全年都可以種植。盛夏時花軸很早就會長出來，這樣葉子會變小，因此這時期不適合種植。
- 在歐洲或美國等地也被稱為「Arugula」、「rucola」，有時也叫作「Rocket salad」。

hudung-e的經驗談

我初次吃芝麻葉時，很不習慣芝麻葉的獨特味道，但是吃了幾次後，習慣了它像花生般的味道，有時反而會特地把芝麻葉放入披薩或沙拉裡食用。種植時強烈的陽光會使芝麻葉產生苦味，但是越吃覺得越香。

月	栽培時期	需要作業
1		
2		
3		
4	↑	
5		
6	↓	
7		
8	↑	
9		
10	↓	
11		
12		

保存種子

芝麻葉種子比一般蔬菜的種子價格貴兩倍，像這樣一包12g的量，在往後幾年拿來種芝麻葉都綽綽有餘，我建議大家一包種子可以分成好幾次來使用。

播種

在花盆裡裝入80%的土，挖幾個2cm深的洞，每個洞種入3粒種子並蓋上土，灑入充足的水。

1週後

新葉階段

1週後會長出新葉，此時請移到陽光充足的地方，使其茁壯生長。

3週後

在生長中期檢查

本葉和新葉不同，是長形的模樣，現在的樣子並不是本葉真正的模樣。

1個月後

本葉階段

長出本葉差不多1週後，就會長成真正的本葉模樣。它長得和嫩蘿蔔葉很像，但沒有絨毛看起來很光滑，此時可以當成嫩葉蔬菜摘來食用。

1個月後

修剪

因為每個洞種了3粒種子，所以會長出幾棵芝麻葉，為了使養分集中，請留下長得最好的一棵其餘的拔掉，拔掉後可摘掉新葉食用。

1個半月後

採收

如果本葉數量增多後，就會長成像包裝袋上的圖片模樣。從最外層的葉子開始，抓住葉柄以往下折斷的方式採摘。

5個月後

長出花軸

多次採摘後會長出花軸，如果開出十字形模樣的花時，藉由風可以自然授粉結出種子。種子變成黃色後，可以摘下來風乾保管，下次還可以拿來種植。

6·7·8 月

小蘿蔔

- 根莖類蔬菜
- 4個月後可採收
- 表面的土乾時需澆水（每週3次）

GARDENING POINT

- 小蘿蔔中途不需要移植。
- 根部露出土壤的話，請用土重新覆蓋。
- 需要常常確認土壤水分是否乾掉。

hudung-e的經驗談

剛開始採收小蘿蔔時，雖然知道小蘿蔔長在土壤裡，但是真正看到時還是覺得很新奇、震驚，會有一種無法言語的喜悅。有「世界上真的有這種啊～」的心情，覺得格外感動。如果各位親眼看到這種神奇的自然現象也一定會讚嘆不已的。

種子外觀

月	栽培時期	需要作業
1		
2		
3		
4	↑	
5		
6	↓	
7		
8	↑	
9		
10		
11	↓	
12		

播種

在花盆中裝80%的土，種下3粒種子，然後蓋上和種子差不多厚度的土壤。

3天後

新葉階段

把花盆移到陽光充足的地方。

10天後

修剪

等到長出2～3片本葉後要進行修剪，在距離10公分之內的範圍只留下一棵。

1個月後

蓋土

根部長大後，如果露出土壤外面，就要用周圍的土把露出的部分覆蓋住。

4個月後

採收

慢慢地挖開土壤，等到小蘿蔔的大小有兩隻手指大的時候，就可以抓住根和莖相接的部分用力地拔出。

蔬菜的用途

當收穫量不多時，可以把切好的小蘿蔔放入燉魚料理中，或是在醃泡菜時一起放進去。

 生物老師的蔬菜Tip

將露出土壤外面的根部用土壤覆蓋的理由是，白蘿蔔接觸到陽光會變成淡綠色，所以需用土壤擋住陽光，這樣不但可以防止水分蒸發，也可以照顧到蘿蔔的頂部。

6·7·8 月

胡蘿蔔

- 根莖類蔬菜
- 3個月後可採收
- 表面的土乾時需澆水（每週2次）

 GARDENING POINT

- 胡蘿蔔不需要移植。
- 如果破壞了根部的生長點胡蘿蔔就會很難生長，為了不損壞生長點，必須準備細緻的土壤。
- 不能因為1～2個月內根沒長出來就將其拔出，要記住3個月後才會開始長出根部。

 hudung-e的經驗談

這是5月時我所種出來的黃色和紫色胡蘿蔔。因5月中有吸取充足的陽光，長得比外面賣得胡蘿蔔更大。橘色是買回來的胡蘿蔔，最右 邊的紫色胡蘿蔔是因為好奇把它拔出來後又重新種回去的，所以根鬚長得非常多，不過拔出來時根部有損傷，所以雖然種植時間和左邊的紫色胡蘿蔔一樣，但卻有很大的差異。

種子外觀

月	栽培時期	需要作業
1		
2		
3		
4	↑	
5		
6	↓	
7		
8	↑	
9		
10	↓	
11		
12		

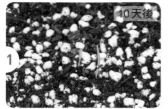

幼苗階段

胡蘿蔔會比葉菜類蔬菜發芽還需要更長的時間。新葉是長形的，土壤是使用園藝用的床土，白色的顆粒是有利於透氣性和保濕性的珍珠岩（pearlite），這通常會搭配園藝用的床土一起販賣。

綁住葉子

如果擔心種植時間不到3個月就把葉子綁起來會妨礙其生長的話，可以在胡蘿蔔苗再生長一段時間之後，再把葉子綁起來，這樣可以防止其倒塌。

架設支架

就算把葉子綁住也會垂下來，這樣會導致它無法正常吸收陽光，因此需要架設支架這種裝置來幫它支撐住。

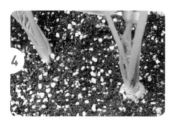

蓋土

因為澆水的關係，胡蘿蔔會慢慢露出土壤，這個時候要用土壤把胡蘿蔔露出的頂部蓋住，這樣可以防止水分蒸發和變色，也才能長出漂亮的胡蘿蔔。

在生長中期檢查

這張照片是生長緩慢的胡蘿蔔拔出來後的形狀，如果土壤中有石頭或土塊的話，就會像照片一樣，可能會出現有根部裂開的情況，不過外觀和味道與其他的胡蘿蔔一樣沒有差異。

管理病蟲害

這是在盛夏時長出蚜蟲的情況。將市場販售的藥劑按照說明進行稀釋過後，每週噴灑2～3次，會有一定程度的緩解，噴灑過藥劑的胡蘿蔔葉請不要食用。

 生物老師的蔬菜Tip

1 如果想種出又直又漂亮的胡蘿蔔，必須從播種開始就要經常鬆土不要讓土壤結塊，還要事先除去石頭或小碎石這種硬梆梆的東西。

2 根莖類蔬菜如果讓它水分乾了的話，若突然澆水會使根部一次吸收太多水分而破裂，所以如果你想種出漂亮的胡蘿蔔的話，一定要在固定的時間幫它澆水。

6·7·8 月

包心白菜

· 葉菜類蔬菜
· 5個月後可採收
· 表面的土乾時需澆水（每週2次）

 GARDENING POINT

· 一直到白菜內部開始層層包裹為止，每個階段都需要耐心地培育。
· 當葉子數量增多且內部開始層層包裹起來時，要經常確認不要讓水分乾掉。

hudung-e的經驗談

白菜根部會長滿整個花盆，如果想要連根拔起的話，可能要把整盆的泥土都拉出來，若想快點採摘的話，最好是使用刀子來割。和根部糾結在一起的泥土放入大的桶子中，用手掰成大塊，曬乾後還可以再利用，這樣乾掉的根部也容易分離，方便回收土壤。

種子外觀

月	栽培時期	需要作業
1		
2		
3		
4	↑	
5		
6	↓	
7		
8	↑	
9		
10		
11	↓	
12		

2週後

2個月後

2個月後

培育幼苗

在花盆中裝80%的土，種下2～3粒種子，再蓋上和種子差不多厚度的土壤，然後用噴水器噴灑充足的水。2週後會長出2～3片本葉，留下一棵其餘修剪掉。

葉片增加

靠近根部的葉子生長得很快，這時葉子數量會增加，內部開始產生包裹。注意不要讓水分乾掉，每天早晚都要澆水。

在生長中期檢查

等到葉子長得和成年人的手掌差不多大時，請把花盆移到陽台陽光充足的地方。每2週施一次化肥或液肥。

4個月後

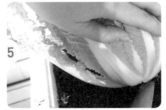

形成結球狀態

白菜內部開始層層包裹，往外旁邊伸展的葉子呈現筆直向上生長的狀態。

採收

用刀子沿著根部割下，因為根部很硬沒辦法一次割斷，請分幾次割。力度拿捏不當會被割傷要小心。

觀察切面

從外部到內部，顏色慢慢地變黃，可以看到內部包得很紮實。

 生物老師的蔬菜Tip

只種2個月還沒長成一整棵前的白菜，也可以採摘下來看是要煮湯或包飯包肉來吃。

6·7·8 月

紅葉菊苣

- 葉菜類蔬菜
- 5個月後可採收
- 表面的土乾時需澆水（每週2次）

GARDENING POINT

- 如果想要蔬菜長出漂亮的紫色，建議7～8月開始種植，在8月中旬時會有很多幼苗。
- 想要培育到內部層層包裹的結球階段，需要一些時間。

種子外觀

月	栽培時期	需要作業
1		
2		
3		
4	↑	
5	夏天種植	
6	↓	
7		
8	↑	
9		
10	冬天種植（紫色）	
11		
12	↓	

播種

在花盆中裝入80%的土壤，每隔10cm挖一個種子大小的小洞，種入3粒種子後輕輕地蓋上土壤，利用噴水器噴灑充足的水。

20天後

本葉階段

菊苣屬於發芽緩慢的品種，需耐心地等待。新葉和本葉會慢慢地長出來，等到本葉長出2～3片時，只保留一棵其餘的拔掉。

2個月後

採收

當葉子充分地吸收陽光，開始出現特有的紫色時，此時的葉片大小就足以用來包飯包肉了，這個時候可從最外層的葉子開始，一片一片地摘下食用。

3個月後

在生長中期檢查

到了冬天，綠色部分會減少，紅色部分會增多，這是因為在低溫下葉綠素會減弱，如果你想採摘紅色的紅葉菊苣的話，建議秋天播種。

4個月後

結球階段

當內部層層包裹，開始變得結實飽滿時，這個階段要常常澆水，才能讓它更順利地結球。

5個月後

採收1

當結成圓形的球時，就可以採收了。用刀子從底部把結球和根部割開。

採收2

用小花盆或剪開的寶特瓶來種植菊苣也可以讓其結球。採收時可摘掉外層的幾片葉子，吃裡面的嫩葉。

生物老師的蔬菜Tip

1 如果摘下紅葉菊苣的葉子，就會發現葉子下面的部分完全是白色的，往上慢慢地變紫，最上面才是完全的紫色。從最外層的有點綠色的葉子到內層葉子，葉片有慢慢變小的情況。

2 在日光燈下看的話，會發現顏色的分界很明顯，因為是自然的顏色，所以會覺得顏色很協調。

6·7·8 月

特拉維索菊苣

- 葉菜類蔬菜
- 1個月後可採收
- 表面的土乾時需澆水（每週2次）

GARDENING POINT

- 如果想要植物長出漂亮的紫色，建議7～8月開始播種。
- 想要培育到內部層層包裹的階段，需要花5個月以上的時間。

種子外觀

月	栽培時期	需要作業
1		
2		
3		
4	↑	
5	夏天種植	
6	↓	
7		
8	↑	
9		
10	冬天種植（紫色）	
11		
12	↓	

播種

在花盆中裝入80%的土壤，縱向與橫向每隔10cm挖一個種子大小的小洞，種入3粒種子再輕輕地蓋上土壤後，利用噴水器噴灑充足的水。

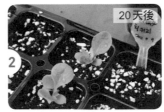

20天後

長出葉子

菊苣屬於發芽緩慢的品種，本葉長出 2～3 片時要進行修剪。被太陽照射到的葉子會長出深紅色的斑點，這是自然現象。

1個月後

採收幼葉

葉子充分吸收陽光，開始出現特有的紫色時，可以當成嫩葉蔬菜摘來食用。這時候可從最外層的葉子開始一片一片採摘下來食用。

2個月後

一片片地採收

從最外層葉子開始採摘食用，新長出來的葉片也會比摘下來的葉子還更大片。因此就算摘掉一些葉子食用，之後內部也能結成球狀。

3個月後

出現紫色

到了冬天，綠色部分會減少，紅色部分會增多，這是因為在低溫下葉綠素變弱的關係。若想採收紅色的特拉維索菊苣的話，建議在夏末或秋天種植。

準備鬆緊帶

用厚實的鬆緊帶把特拉維索菊苣的莖綁起來。

捆綁

將葉片整齊疊好，用鬆緊帶綁在一起，這樣可以讓內部長出更多的葉子。一直綁到用手可以感覺到內部是很結實的狀態為止。

5個月後

在生長中期檢查

折掉鬆緊帶，會發現內部的葉子變成了深紫色。在不結冰的低溫中，特拉維索菊苣也可以長出紫色。

採收

用刀子從底部把結球和根部割開。吸收不到陽光的葉柄是白色的，葉片則是呈現紫色的。

球芽甘藍

- 葉菜類蔬菜
- 5個月後可採收
- 表面的土乾時需澆水（每週3次）

 GARDENING POINT

- 球芽甘藍在寒冷的時候，內部也能生長。在內部變得飽滿的期間，必須經常澆水。
- 因為很容易長蟲，所以要常常觀察並且多注意通風問題。

種子外觀

月	栽培時期	需要作業
1		◀每2週施一次化肥
2		
3		
4		
5		
6		
7		
8		
9		
10		
11		
12		

3週後

幼苗階段

在花盆中裝入80%的土壤，種入3粒種子，長出芽後保留長得最好的一棵，其餘修剪掉。等到本葉長出2～3片時，就完成幼苗的栽培了。床土和肥料以8：2的比例混合，裝入20cm高的花盆裡，把幼苗移植進去。

2個月後

在生長中期檢查1

在初期時，需像這樣一邊確保葉子的數量，一邊觀察生長情形。

2個月後

在生長中期檢查2

莖處會長出小點點，這是之後會變成水滴模樣的結球部位。這時開始每2週噴一次稀釋後的液肥。

2個月後

摘除有問題的葉子

這是有異狀的葉子。出現這種症狀時，最好摘除有問題的部分。

4個月後

確認是否長蟲

等到葉子長成有手掌般的大小時，莖也會變粗壯，這時候如果通風不好就容易長很多蟲。長蟲時可以用一種叫作「寒冷紗」抑制蟲子的布蓋起來，或是經常用水清洗。

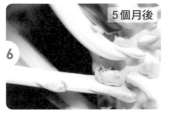

5個月後

在生長中期檢查3

從步驟3生長過程中的小點，到長成內部飽滿的球芽甘藍這段期間，要持續施液肥才能保持其內部順利地生長。

5個月後

採收

可以用刀子把附在莖上的球芽甘藍割下來。長得好的話，也只有像乒乓球一樣的大小，會這麼小並不是因為生長得不好的關係。

5個月後

觀察葉子

把葉子一片片地摘下來會發現，越往內部葉子顏色越淡。

青江菜

- 葉菜類蔬菜
- 3個月後可採收
- 表面的土乾時需澆水（每週2次）

GARDENING POINT

- 青江菜和烏塌菜都是有甜味的葉菜類蔬菜，所以很容易長蟲。
- 容易長蟲的蔬菜比起春夏，更適合在秋天種植。

hudung-e的經驗談

味甜的青江菜很容易長蟲子，不想使用農藥的話，可以利用噴水器週期性地沖洗。我想起一位販賣幼苗大叔說的話：「吃農藥還不如吃蟲子。」吃進身體裡的農藥如果無法分解，就會積累在身體裡，所以在種植植物時最好少用農藥。但如果蟲子已經開始進行破壞，還完全不使用農藥的話，我們能吃的部分就會變得很少，所以適量使用就好。

種子外觀

月	栽培時期	需要作業
1		
2		
3		
4	↑	
5		
6	↓	
7		
8	↑	
9		
10	↓	
11		
12		

播種

在花盆中裝80%的土，種下3粒種子，然後蓋上和種子差不多厚度的土壤，利用噴水器噴灑充分的水。

新葉階段

種子按照保存情況的不同會有差異，一般1週左右就會發芽，長出新葉後保留一棵，其餘的修剪掉。

本葉階段

等到長出3～4片本葉時，就可以摘外層的葉子食用，也可以整棵拔出來食用。

採收階段

不需捆綁青江菜的底部也會長得很圓，這時候摘下來切成兩半，可以發現和市場上賣的沒什麼不同。

🐞 生物老師的蔬菜Tip

把種植2個月左右的青江菜拔出來，用刀切成兩半，就會發現內部的小葉子長得很整齊。從最外層的葉子開始採摘食用，內層的葉子會慢慢地長大，這樣可以重複摘好幾次。

烏塌菜

- 葉菜類蔬菜
- 3個月後可採收
- 表面的土乾時需澆水（每週2次）

 GARDENING POINT

- 烏塌菜的生長速度很快，可以很快地採收。
- 因為是有甜味的蔬菜，所以容易長蟲。長蟲的話，初期可以用手抓，也可以噴灑環保農藥。

 hudung-e的經驗談

葉子的外觀和一般蔬菜不同，長得像勺子很可愛。菊苣和烏塌菜都是模樣很特殊的蔬菜，做成料理時看起來也會覺得很與眾不同。

種子外觀

月	栽培時期	需要作業
1		
2		
3		
4		
5		
6		
7		
8		
9		
10		
11		
12		

播種

在花盆中裝80%的土，種下3粒種子，然後蓋上和種子差不多厚度的土壤，利用噴水器噴灑充分的水。

3天後

新葉階段

烏塌菜是發芽很快的蔬菜，3天左右就會發芽。

3週後

本葉階段

當開始長出3～4片本葉時，可以開始採摘外層的葉子食用，也可以整棵拔出來食用。每個盆裡只留下一棵，其餘的修剪掉。

2個月後

採收

葉子會慢慢地增多長成一整棵。如果葉子不及時採摘的話，花軸會很快地長出來。

 生物老師的蔬菜Tip

烏塌菜長得像一個圓盤，葉子數量多的話可以整棵採摘，也可以一片片地採摘。

9·10·11月

白青菜

- 葉菜類蔬菜
- 1個月後可採收
- 表面的土乾時需澆水（每週2次）

GARDENING POINT

- 白青菜在冬天時容易長出花軸，最好在溫暖的地方種植，或是準備像保麗龍等的保溫容器。

hudung-e的經驗談

這是我用手抓的蟲子，牠不會咬人。剛開始雖然覺得很噁心，但看過幾次之後就習慣了。如果不敢空手抓，可以用免洗筷或帶上手套，將牠扔到遠方或是捏死。

種子外觀

月	栽培時期	需要作業
1		
2		
3		
4	↑	
5		
6	↓	
7		
8	↑	
9		
10	↓	
11		
12		

播種

在花盆中裝80%的土，種下3粒種子，然後蓋上和種子差不多厚度的土壤，利用噴水器噴灑充分的水。照片上是播種2週後的樣子，外觀和白菜很類似。

幼苗階段

移植到保麗龍箱中，我把很多包葉蔬菜都種在一起，但因為葉子比較寬大，會擋住別的葉子的陽光；為了不阻擋其他葉子吸收陽光，在長出2～3片本葉時就要修剪且盡早採摘，或是種的時候間隔距離隔寬一些。

病蟲害

白青菜雖然比較能抵抗病蟲害和酷暑，但也沒辦法避免白菜蟲。這是把肥大的白菜蟲抓掉後，葉子背面的模樣，其實這樣也是可以吃的。

配置空間

葉子變大後會擋住旁邊的蔬菜，此時就可以採摘了。空間不夠時可以輪流採收，或是種植其他種類的蔬菜。

採收

葉柄長得很長是白青菜的特徵，可從最外層的葉子開始採摘。雖然也可以整棵採摘，但是一般來說都是一片片地採摘。

 生物老師的蔬菜Tip

1 白青菜是白菜和青江菜的混合種。

2 和葉片相同顏色的白菜蟲很不顯眼，如果稍為疏忽的話，不到幾天就會被蟲子吃得只剩下菜梗。

3 種植蔬菜時會遇到各種蟲子，雖然有些是有害的，但也有一些是可以幫助授粉的有益蟲子，所以說不需要無條件防蟲，因為有蔬菜的地方一定會有蟲子。

9·10·11月

紅葉包菜

- 葉菜類蔬菜
- 2個月後可採收
- 表面的土乾時需澆水（每週2次）

 GARDENING POINT

- 包菜因為是味甜的蔬菜很容易長蟲子，必須注意防蟲害。
- 如果覺得蟲害管理很困難的話，也可以避開悶熱的夏天選擇涼爽的秋天種植。

hudung-e的經驗談

把有洞的葉子翻過來看，可以發現有很細的蟲子，這是白菜蟲，如果不趕快處理掉，蟲子會啃食葉子快速地長大。

種子外觀

月	栽培時期	需要作業
1		
2		
3		
4		
5		
6		
7		
8		
9		
10		
11		
12		

播種

在花盆中裝80%的土，種下3粒種子，然後蓋上和種子差不多厚度的土壤，利用噴水器噴灑充分的水。

幼苗階段

此時已經長出紫色的芽了，如果讓它充分吸收陽光，紫色會變深。長出2～3片本葉時，只留下一棵其餘的請修剪掉。

防治病蟲害

葉子的背面會長蟲。當蔬菜長到約這麼大的時候，可以噴灑稀釋過的環保農藥，只要噴灑一次就可以防止病蟲害，讓植物好好地生長。

噴灑農藥

把環保農藥稀釋過後，噴灑在長蟲的葉片上。準備農藥時一定要戴手套，不要讓農藥接觸到皮膚，如果皮膚接觸到農藥要趕快沖洗掉。

採收

本葉明顯地長大了，可從最外層的葉片開始採摘食用。

比較葉片的大小

陽光的充足與否決定了葉片的大小。如果長成像照片一樣那麼大的葉子時，就可以包飯包肉來吃了；如果比照片中的葉子還小的話，請把植物移到陽光充足的地方。

 ## 生物老師的蔬菜Tip

1 包菜是白菜和包心菜的混合種。
2 葉子縫隙裡的蚜蟲常常會因為看不見而被忽略掉，這樣的話當天氣變暖的時候，蚜蟲會快速地增長，所以要認真地仔細檢查。蚜蟲可以用手抓、用蓮蓬頭沖洗或噴灑環保農藥。

芥菜

- 葉菜類蔬菜
- 2個月後可採收
- 表面的土乾時需澆水（每週2次）

GARDENING POINT

- 這是一種味道很好的包葉蔬菜。
- 也是很容易長蟲的蔬菜，所以比起春天更推薦在涼爽的秋天種植。

hudung-e的經驗談

芥菜長得像手指一樣大時雖然沒什麼辣味，但持續在陽光下生長的話，辣度就會增強。

種子外觀

月	栽培時期	需要作業
1		
2		
3		
4	↑	
5		
6	↓	
7		
8	↑	
9		
10	↓	
11		
12		

播種

在花盆中裝80%的土，種下3粒種子，然後蓋上和種子差不多厚度的土壤，利用噴水器噴灑充分的水。

2週後

本葉階段

播種2週後就會長出新葉，之後的生長情況會像停止一樣，過段時間後才會長出本葉，這時只留下一棵，其餘的請修剪掉。本葉像芥菜的葉子一樣，邊緣會有花紋。

2個月後

幼苗階段

長出4～5片本葉。這時候可以從最外層的葉子開始採摘食用，也可以整棵採摘。

2個半月後

在生長中期檢查

葉子的數量增加，外型也像芥菜葉子一樣末端變得鋒利。葉子如果不及時採摘，花軸就會很快地長出來。

2個半月後

採收

從最外層的葉子開始，以往下折斷的方式採摘。

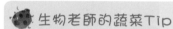

生物老師的蔬菜Tip

也有外型和綠葉芥菜一模一樣，但顏色不同的紅葉芥菜。

9·10·11月

羽衣甘藍

- 葉菜類蔬菜
- 2個月後可採收
- 表面的土乾時需澆水（每週2次）

 GARDENING POINT

- 是味甜的葉菜類蔬菜。
- 是很容易長蟲的蔬菜，所以比起春天更推薦在涼爽的秋天種植。

hudung-e的經驗談

羽衣甘藍的口感很獨特，我曾經不愛吃，但是把它榨成蔬菜汁後發現很好吃，所以一直有陸續在種植。如果你要榨蔬菜汁的話，我特別推薦羽衣甘藍、神仙草和甜菜根。

 種子外觀

月	栽培時期	需要作業
1		
2		
3		
4		
5		
6		
7		
8		
9		
10		
11		
12		

播種

在花盆中裝80%的土,種下3粒種子,然後蓋上和種子差不多厚度的土壤,利用噴水器噴灑充分的水。

1個月後

在生長中期檢查

新葉長出後,生長會很像停止了一般,過段時間才會長出本葉。此時葉子數量增加且邊緣呈現鋸齒狀,開始長得像羽衣甘藍的樣子了。

2個月後

採收

2個月後本葉會長大,可以採摘最外層的葉片食用,從最外層的葉片開始向下折斷採摘。

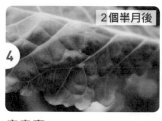

2個半月後

病蟲害

葉縫裡長蚜蟲是很正常的事情,可用手抓、噴農藥或用水沖洗。在初期就要把蟲子處理掉,之後才不會蔓延。

 生物老師的蔬菜Tip

羽衣甘藍和包心菜、球芽甘藍的葉子長得很像,吃起來的味道也差不多。就像是各種的白菜或各種的蘿蔔一樣,在生物學上都是屬於同個家族。

甘藍菜

- 葉菜類蔬菜
- 1個月後可採收
- 表面的土乾時需澆水（每週2次）

GARDENING POINT

- 為了種出紅色和白色顏色對比鮮明的甘藍菜，必須在秋天和冬天這種低溫時期來種植。
- 甘藍菜是容易長蟲的蔬菜，初期時可以用手抓，也可以套上網子防止蟲子接近。

hudung-e的經驗談

我種植甘藍菜是因為想在榨蔬菜汁時能打出漂亮的顏色。特別是白軸面的甘藍菜和紅色的甜菜根一起打成蔬菜汁的話，會出現和一般紅色不同的獨特顏色，看起來非常漂亮。

種子外觀

月	栽培時期	需要作業
1		
2		
3		
4	↑	
5	夏天種植	
6	↓	
7		
8	↑	
9	冬天種植（紫色·白色）	
10		
11	↓	
12		

播種

在花盆中裝80%的土,種下3粒種子,然後蓋上和種子差不多厚度的土壤,利用噴水器噴灑充分的水。

長出本葉

當本葉長出2～3片時,保留一棵其餘的修剪掉。在長出本葉的階段為植物修剪,並且噴灑稀釋過後的環保農藥,這樣可以預防病蟲害。

早期採摘

當葉子長到可以採摘的大小時,可以當作嫩葉蔬菜食用,請從最外層的葉子開始採摘。

比較顏色

左邊是甘藍菜白色軸的一面,右邊是甘藍菜紅色軸的一面,因為葉片還太小,所以顏色看起來沒有很明顯。

採收

這是外層葉子全摘完後,還在繼續生長的狀態,內部葉子正變化成紫色。在這個狀態下繼續生長2週,就可以再次採收了。

顏色的變化

此時看到了很多片的本葉。採摘時,請從最下面的葉子開始折下來食用。在低溫下,葉子的紫色會很鮮明。

 生物老師的蔬菜Tip

1 白軸面的甘藍菜是白色的不是紅色的。
2 甘藍菜在大的花盆裡種植的話,葉子就會長得很大,但是會失去包心菜類特有的獨特口感;小葉子在菜餚的配色上則有加分的功效。在小花盆中種植還得將葉子控制得小一些,這樣所栽培出的葉子可活用在更多的地方。

芹菜

- 葉菜類蔬菜
- 3個月後可採收
- 表面的土乾時需澆水（每週2次）

GARDENING POINT

- 芹菜比一般的蔬菜需要更多的發芽時間，請耐心等待其發芽。
- 芹菜的種子比小米還要小，處理起來會有點困難。種子雖然小，但是發芽率很高。

hudung-e的經驗談

1 種植了3個月的芹菜莖，長得像拇指一樣的粗。
2 芹菜不像果實類和根莖類蔬菜一樣需要大量的陽光，所以陽光不足的陽台也容易種植。如果您有種植根莖類蔬菜失敗的經驗，不妨試著種植芹菜。

種子外觀

月	栽培時期	需要作業
1		
2		
3		
4	↑	
5		
6	↓	
7		
8	↑	
9		
10		
11	↓	
12		

播種

在花盆中裝80%的土,種下3粒種子,然後蓋上和種子差不多厚度的土壤,利用噴水器噴灑充分的水。

2週後

發芽模樣

新葉長得和米粒很像,是長形的且本葉會比較尖,在這時候搖動一下葉子,會散發出芹菜的香味。

1個月後

修剪葉子

本葉長得差不多時,就可以適當地修剪葉子了,這樣可以為芹菜提供更大的生長空間。在蔬菜生長的初期,若要讓其茁壯成長並防止瘋長,必須讓它充分吸收陽光。

2個月後

幼苗階段

此時本葉開始長尖了,這時只要留下長得最好的一棵,其餘的修剪掉。如果不修剪的話,根部會因無法伸展而長不大。

3個月後

確認狀態

當種植的芹菜長得有如手掌那麼大時,就有足夠加入料理中的份量了。

採收

從外層葉子開始折斷採摘。

吃法

在馬克杯中裝水,把芹菜放進去泡著吃,也可以加入料理中來吃,更可以淋上沙拉醬吃。如果不喜歡纖維,可以用削皮器把外層的皮削掉再吃。

紅皮小蘿蔔

- 根莖類蔬菜
- 2個月後可採收
- 表面的土乾時需澆水（每週2次）

GARDENING POINT

- 水分乾掉或是水加太多，都會造成植物根部不能順利地生長。
- 一個洞種入3粒種子，發芽後留下最好的一棵其餘的拔掉。
- 紅皮小蘿蔔比一般蔬菜的採收時間還短。
- 在容易長蟲的夏天，初期時噴灑環保農藥能防病蟲害。

hudung-e的經驗談

1 遲遲不採摘，或是水分太乾之後突然澆水，都是會造成根部破裂的主因。
2 將紅皮小蘿蔔切片後，如果發現裡面出現空心，並且看起來很鬆軟的話，表示裡面有空氣進入，這是因為太晚採摘蘿蔔的緣故。紅皮小蘿蔔生長快速，最好每週或每2週的時間播種一次。

種子外觀

月	栽培時期	需要作業
1		
2		
3		
4	↑	
5		
6	↓	
7		
8	↑	
9		
10		
11	↓	
12		

種植

播種

四周每間隔10cm挖一個洞，種下3粒種子再輕輕地蓋上土壤，然後利用噴水器噴灑充分的水。

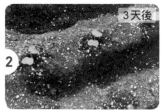

3天後

吸收陽光

發芽後讓植物充分照射到陽光，使養分滲透到根部。

7天後

用土蓋住莖

長出本葉後，莖會變成紅色，這時請用土壤蓋住莖，使莖可以長得更粗壯。

15天後

澆水

在長出2～3片本葉時，不要讓土壤的水分乾掉，表面土壤乾時就要澆水了。

2個月後

採收

當根部長成圓形的時候就可以採摘了，請抓住莖和根部相接的部分慢慢地拔出。

 生物老師的蔬菜Tip

1 雖然種子包裝袋上寫著20天可採收，但是還是有人問：「為什麼1個月過去了蘿蔔還沒長出來？」露天的菜園因為陽光充足，通常20～30天就可以採摘了；但在陽台菜園種植的話，相對地需要更長的時間，可能需要花費2個月左右的時間。

2 如果每棵植物間的距離太窄的話，紅皮小蘿蔔就會長成長形的，而我們經常會種植到的品種，在夏天這種高溫的天氣中根部也會變長。因此在夏天種植時，可以選擇像「櫻桃蘿蔔」一樣不同品種的種子，或是在陽台通風較好的地方種植。

紅甜菜根

- 葉菜類蔬菜
- 2個月後可採收
- 表面的土乾時需澆水（每週2次）

 GARDENING POINT

- 比起紅甜菜根的種子，最好去購買紅甜菜根的根埋在土裡種植，等長出葉子後再採摘葉子來食用。
- 從種子開始種植成根要花很多時間來照顧，但如果只是吃葉片的話，可直接從甜菜根的根開始種植，這樣可以省下很多時間。
- 如果是用種子來種植的話，一直到長出2～3片本葉為止，都會比種生菜類的蔬菜還需更多的時間。

hudung-e的經驗談

甜菜根的葉子和一般蔬菜的葉子不一樣，它會散發出泥土的味道，所以有一些人會不喜歡。但是我還是想推薦給大家，因為甜菜根顏色很漂亮且營養價值又高，榨成蔬菜汁或是包飯包肉吃都是不錯的選擇。

種子外觀

月	栽培時期	需要作業
1		◄2週施一次肥
2		
3		
4		
5		
6		
7		
8		
9		
10		
11		
12		

播種

把紅甜菜根的種子放在水中泡一個晚上。然後在花盆中裝80%的土,種下3粒種子,然後蓋上和種子差不多厚度的土壤,利用噴水器噴灑充分的水。

1個月後

本葉階段

在長出本葉2～3片時,只留下一棵其餘修剪掉。這時候的紅甜菜根可以當成嫩葉蔬菜來食用。

採收

當作嫩葉蔬菜來採摘的話,最好葉子比拇指大一些。

在生長中期檢查

用甜菜根的根部種植的話,大概1個月後就可以長成這樣了。一樣是1個月的時間,比起以種子種植的甜菜根的葉子還要大得多。因為甜菜根的根本身儲存的營養比種子還要多,所以葉子也會長得比較大。

2個月後

採收

從最外層葉子開始採摘,因為甜菜根有很多汁液,所以在採摘的時候汁液容易沾到手上,用水沖洗就能洗掉,不用擔心。

葉子的大小

只用一棵甜菜根種植出來的葉子可以做一次生菜沙拉。在像客廳等陽光不太充足的地方種植的甜菜根的葉子,可以長出照片中的份量;放在陽光充足的地方種植的話,葉子就會長得像手掌那麼大。

 生物老師的蔬菜Tip

這是用花盆種植甜菜根採收後的模樣,好幾個地方都會長出葉子。如果根部露出土壤的話,就要用周圍的土覆蓋住或是另外加土覆蓋住,之後澆水就可以長出新的葉子了。

9·10·11月

大蔥

- 葉菜類蔬菜
- 1個月後可採收
- 表面的土乾時需澆水（每週2次）

GARDENING POINT

- 比起用種子種植，用已經長大的大蔥來種植會更容易。
- 馬上可以種植大蔥的方法：
  1. 把根部剪下來後埋入土中。
  2. 將包含根部的白色部分剪成一節手指的長度種在土中。
  3. 從市場買回大蔥後直接埋入土中，這樣可以吃到新鮮的大蔥。

hudung-e的經驗談

1. 這是我用種子種植了6個月的大蔥，種植了那麼長時間，卻只有這麼一點的收穫量。如果想早點吃到大蔥的話，可以參考「GARDENING POINT」中所提示的方法。
2. 用種子培育了6個月的大蔥長得像小蔥一樣，所以我就把大蔥當成小蔥，在需要的時候摘來食用。

月	栽培時期	需要作業
1		
2		
3		
4		
5		
6		
7		
8		
9		
10		
11		
12		

準備根部

準備好大蔥的根部。

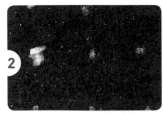

種植根部

在保麗龍箱子上戳洞，放上方格網並裝入床土，在四周每間隔10cm的距離種入大蔥的根部，將根部完全埋入土中後，澆入充足的水。

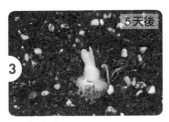

5天後

確認莖

大蔥的莖是淡綠色的，成熟後經過陽光的照射，會變成脆綠色。

1個月後

採摘

大蔥的莖長成10cm高時就可以摘來吃了，不用另外提供養分，只要保證水分不乾掉就可以了。這時候可以按自己所需的量來採摘。

 生物老師的蔬菜Tip

1 將買回來的大蔥埋入花盆或土中，它就不會枯萎乾掉，這樣可以隨時吃到新鮮的大蔥。

2 保麗龍箱子、袋子、米袋、不用的泡菜桶等，都可以拿來當作種大蔥的容器。

3 將白色的部分剪成一小段（約手指那麼長）種入土中，以這樣的方式來種雖然植物的生長速度可以很快，但卻無法吃到最美味的部分，所以最好是用上面介紹的方法來種植比較好。

4 把莖剪下拿來種植的話，雖然會比原本的大蔥還細一些，但還是可以連續採收1～2次。

草莓

- 果實類蔬菜
- 3個月後可採收
- 表面的土乾時需澆水（每週2次）

 GARDENING POINT

- 請購買草莓幼苗種植。雖然也可以用種子來發芽，不過從播種到結果需要1～2年的時間，所以最好使用幼苗種植。
- 如果透過用莖繁殖的方法，就可以種出很多盆的草莓了。

hudung-e的經驗談

1 如果一直只開花不結果，就用毛筆沾上花粉刷在雌蕊的柱頭上，這樣授粉的成功率會提高。
2 用種子發芽的話，會長出非常小的綠色葉子。

月	栽培時期	需要作業
1		
2		
3		
4		
5		
6		
7		
8		
9		
10		
11		
12		

種植幼苗

買好幼苗後，在20cm高的花盆中裝入土壤並種入幼苗，然後噴灑充足的水。

1個月後

開花

種下幼苗1個月後，草莓就開始開花了。不需要人工授粉，只靠風就可以完成授粉結出草莓。

2個月後

結果

這是授粉後開始結果的樣子。花凋謝後，籽密密地聚集在一起，這時候如果噴灑稀釋過的液肥，果實會長得更好。

3個月後

果肉成長

從可以看到草莓表面的籽開始，約1個月後會長出淡綠色的果肉。

3個月後

採收

白色的果肉很快就會成熟變成紅色。等到完全變成紅色後，請用乾淨的剪刀剪下來食用。

莖幹繁殖

我想在花盆的空位進行繁殖。等根部完全固定在土壤中且變得結實的話，就可以把莖剪下來了。

 生物老師的蔬菜Tip

從種子的狀態開始到開花結果，需要花1～2年的時間，所以最好購買幼苗來種植。右邊的杯子裡是用種子種了3個月後的幼苗。

菠菜

- 葉菜類蔬菜
- 1個月後可採收
- 表面的土乾時需澆水（每週2次）

 GARDENING POINT

- 菠菜有可以在露天過冬的品種。
- 如果找不到可以在寒冬種植的蔬菜，可以試試看種植菠菜。

hudung-e的經驗談

兩年前我曾經在塑膠棚種植過蔬菜，那時想種可在秋冬季節生長的蔬菜，菠菜在那個時候長得非常好量也很多，所以我記得那年的冬天一直都在吃菠菜。

種子外觀

月	栽培時期	需要作業
1		
2		
3	↑	
4		
5	↓	
6		
7	↑	
8		
9		
10		
11		（可在寒冬種植）
12	↓	

播種

在花盆中裝80%的土，每個洞種入3粒種子。菠菜種子算是蔬菜中比較大顆的。

長出本葉

開始長出新葉和本葉了。這時候要讓植物充分吸收陽光，當本葉長出2～3片時，只留下一棵其餘修剪掉。

在生長中期檢查1

等到長出好幾片本葉時，就可以開始採摘了。

在生長中期檢查2

當本葉葉片長大、顏色開始變深時，莖也會變粗壯。

採收

連根一起拔出來，用刀適當地修掉根部後，就可以拿來烹調了。

 生物老師的蔬菜Tip

菠菜根部紅色的部分味道很甜，在修剪的時候請不要把這一部分全部剪掉，留下約1cm來烹調。

145

山蒜

- 葉菜類蔬菜
- 2個月後可採收
- 表面的土乾時需澆水（每週2次）

GARDENING POINT

- 請準備球莖種植，拔出來食用之後，請買新的球莖來種植或是播種繼續栽培。

hudung-e的經驗談

山蒜是有名的春菜，我也非常喜歡吃山蒜，就連秋天和冬天時都會想吃，所以常跑到市場或超市尋找，但因為不是盛產時節很難買到。我只好在隔年春天先將買來的山蒜球莖保管好，自己種植來食用。大家不妨可以試試看保管之後再拿來種植，在秋冬吃起來會更別有一番風味。

月	栽培時期	需要作業
1	↓	
2		
3		
4		
5		
6		
7		
8		
9		
10		
11		
12	↑	

準備球莖

請準備好山蒜球莖，球莖的大小幾乎都長得不一樣，所以不用覺得奇怪。請用嘴巴吹落表面覆蓋的薄膜。

種植球莖

挖 2～3cm 深的洞緊密地種入山蒜球莖，因為球莖長葉片的過程不需太大的空間。

澆水

蓋上土壤後澆水，因為球莖是乾的狀態，所以要充分地澆水才能讓它發芽。想要讓它盡快地發芽的話，要用保鮮膜貼在上面，這樣可以防止水分蒸發，不過要在保鮮膜上戳幾個呼吸孔。

1個月後

莖幹生長

山蒜不會長新葉，球莖直接就會長出莖幹。一旦長出莖幹，就會以很快的速度生長，等莖長到有手掌張開那麼高時，就可以採收了。

2個月後

採收

慢慢地撥開土壤拔出山蒜。如果根部長得很深，就把土撥開一些再拔出山蒜。山蒜的根部洗乾淨後也可以吃。

 生物老師的蔬菜Tip

球莖指的是具有圓球型態的莖部。小蔥也是用球莖來種植的種類，主要在醃製泡菜的秋天時期才會在市場出現，它和山蒜一樣都是很好種植的蔬菜。

山蒜的種子和球莖都可以拿來種植。右圖紅色袋子裡是山蒜的球莖，拿來在春天種植的話，1個月內就可以食用。下面的小顆粒是山蒜的種子，種子如果在秋天種植到了春天就會變得肥大，當春天長出芽後就變成我們吃的山蒜了。

嫩葉蔬菜

· 葉菜類蔬菜
· 1個月後可採收
· 表面的土乾時需澆水（每週2次）

GARDENING POINT

· 嫩葉蔬菜的種子一般都是使用沒消過毒的，
  用一般的種子來種植的話可以吃新葉。
· 嫩葉蔬菜就是普通的葉菜類未完全長成時的蔬
  菜。葉菜類比一般蔬菜生長快，葉片還很小的
  時候就可以吃，所以一般都是在葉片長大之前
  就採摘來食用。

月	栽培 時期	需要 作業
1	↑	
2		
3		
4		
5		
6		
7		
8		
9		
10		
11		
12	↓	

裝土

請準備好外帶杯、錐子、床土、種子、噴水器,並在外帶杯的底部用錐子戳5個可以讓水滲出的洞,然後裝上園藝用的床土,裝到80%的程度即可,這樣澆水時才不會溢出來。

挖洞

在中央位置挖個2cm深的洞種入種子。種的時候可以用手挖,也可以用不要的木筷子挖,還可以用蔬菜的標示牌來挖,用什麼方法都可以。洞挖得太深的話,種子會無法鑽出土壤容易死掉。

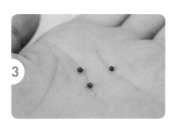

準備種子

一般的葉菜類都可以當成嫩葉蔬菜的種子,不過要在葉片長大之前採收小片的嫩葉。接著在挖好的洞中,種入3粒種子並蓋上土壤。

澆水

種下種子後,要給土壤澆入充分的水,用噴水器或是用出水量較小的蓮蓬頭灑水。

蔬菜種類1

這是紅橡木葉生菜的幼苗階段,從這時開始就可以每次採摘2～3片的小葉子。

蔬菜種類2

這是菊苣的幼苗階段,雖然長得很像結球菊苣,但是味道有點苦。

蔬菜種類3

這是波士頓生菜(Boston lettuce)的幼苗階段,當大葉子採收完後,可以採摘底部長出來的小葉子,小葉子更厚實、口感更好。

蔬菜種類4

這是粉紅包心菜(Sprout Pink Cabbage)的幼苗階段,我是用之前購買的幼芽種子來種植的,口感和羽衣甘藍差不多。

採收

從最外層的葉片開始採摘,採摘時請抓住葉柄不要折斷莖。採收後放入冰水中浸泡10分鐘口感會更脆,吃的時候把水甩乾後再吃,這樣才不會讓調味料的味道變淡。

嫩紅蘿蔔芽

- 1個月後可採收
- 需隨時確認瓶子中的水是滿的

 GARDENING POINT

- 購買嫩葉蔬菜專用的種子來種植。
- 嫩葉蔬菜是一次收種的作物。
- 一般的芽菜類蔬菜或嫩葉蔬菜吃起來較清脆，在嫩紅蘿蔔芽的莖變成蘿蔔之前的階段，也可以吃到它脆脆的口感。

hudung-e的經驗談

1 把家裡喝剩下的寶特瓶全部收集起來，這樣可變成大量生產蔬菜的容器。從最後一排開始，每週種植一排，這樣每週都可以採摘不同種類的蔬菜來食用。

2 在窗台空位上用寶特瓶種植幼芽，四方的瓶子排成整齊的一排，看起來會像裝飾的盆栽一樣。用寶特瓶種植不僅可以照射得到陽光，位置也很通風，瓶子下方還有裝水的底座，水也不會流到陽台可說保持得很乾淨。

月	栽培時期	需要作業
1	↑	
2		
3		
4		
5		
6	（全年皆可種植）	
7		
8		
9		
10		
11		
12	↓	

準備材料

準備好切成兩半的礦泉水瓶子，以及園藝用的床土或培養土、水、種子、錐子。

戳幾個呼吸孔

在瓶蓋上用錐子戳 3～4 個呼吸孔，把瓶蓋蓋上後，翻過來插在另一半的寶特瓶底部中。接著裝入 1/3 的土，然後在土壤上灑入種子，蓋上和種子差不多厚度的土壤，等待其發芽。

1週後

在生長中期檢查

蘿蔔種類的植物以發芽快、容易生長聞名。嫩紅蘿蔔芽的葉子有些雖然是綠色的，不過這是自然現象，可以食用不用擔心。

1週後

換水

不要讓水瓶下面部分的水長蘚，請每週換一次水，水淹沒到瓶蓋頂部即可。

1個月後

本葉階段

嫩葉蔬菜在長出 1～2 片本葉時就可以吃了。

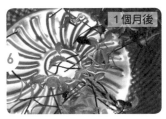

1個月後

採收

根部會生長到外面浸在水中，紅色和綠色葉片兩種顏色看起來很協調。嫩紅蘿蔔芽比起芽菜類蔬菜，更適合當作嫩葉蔬菜來食用。種植1個月以上的話，莖會像蘿蔔一樣口感變得很清脆，用來做料理會很加分。

 生物老師的蔬菜Tip

嫩紅蘿蔔芽不長紅色葉子的原因是遺傳的關係。有些葉子是紫色的遺傳因子，也有些葉子是綠色的遺傳因子，吃起來不會有什麼問題，兩種顏色搭配起來反而很漂亮。

1

2

3

4

5

6

7

8

9

10

11

12

365天都可以栽培的蔬菜

PART 03

香草類

九層塔

- 3個月後可採收
- 表面的土乾時需澆水（每週2次）

 GARDENING POINT

- 雖然購買種子來種植也行，但是用幼苗來種植速度會更快。
- 也可以剪下分枝插入水中，等到長出根鬚後再移植到土裡種植。

hudung-e的經驗談

如果因為貪心，在一個小小的容器中灑了很多種子的話，發芽後把它們一棵棵地分開會很費力，這樣做也很浪費時間。

播種

在花盆中裝80%的土並灑上種子，然後蓋上和種子差不多厚度的土壤，利用噴水器噴灑充分的水。

2週後

新葉階段

長出新葉後會有一段時間生長好像停止了一樣，不要覺得奇怪，請耐心地等待。

1個月後

本葉階段

當本葉長出 3 ～ 4 片時，之後的生長就會變快了。每2週施一次化肥或液肥，葉子會長得茂盛。除外，還要把植物移到單獨的容器中。

移植

在外帶杯裡種植也可以採摘葉子來食用。空間雖然很小，但因為集中在一起，也可能比在大容器中種植的長得更好。

2個月後

在生長中期檢查

葉子的數量長到可做成生菜沙拉或放入義大利麵裡的量時，要注意多澆水，因為透過葉子水分會蒸發得很快。

4個月後

長出花軸

如果不常摘葉子或天氣變熱的話，花軸就會長出來。如果想繼續採收葉子的話，就要把花軸除掉。如果花開了的話，1個月左右就可以結出種子，將它保管起來可以再次拿來種植。

 生物老師的蔬菜Tip

1 九層塔長出本葉需要一段時間，就像每個人學習的速度有快慢一樣，九層塔也和別的植物不同，在種植的過程中需要等待一段時間，這是九層塔的特性。

2 噴灑過液肥或環保農藥的蔬菜葉子，在拿來吃之前一定要完全清洗乾淨。

3 九層塔的葉子是圓形的，表面光澤有些鼓起。煮湯時浮在水面上看起來很清新，放入生菜沙拉或披薩上面當作配菜也不錯。

水田芥

- 2個月後可採收
- 表面的土乾時需澆水（每週2次）

 GARDENING POINT

- 因為是有甜味的蔬菜，所以蟲子很喜歡。不過若管理得好的話收穫量會很大，可以常常吃得到。

hudung-e的經驗談

1 水田芥就是放在牛排旁邊的圓形蔬菜，雖然不是我們熟悉的味道，但是吃著吃著很快就會習慣，它很容易種植且收穫也不錯，因此推薦給大家。

2 初期長出幼苗時，蟲子會把葉子全部啃食掉，所以如果有看到蟲子就要馬上除掉，否則葉子很快就會被吃光。

播種

在花盆中裝80%的土並灑上種子，然後蓋上和種子差不多厚度的土壤，利用噴水器噴灑充分的水。

1個月後

幼苗階段

種下水田芥的種子後，一直到長出幼苗，都需要澆入充分的水並照射充足的陽光。水田芥是很喜歡陽光的植物，所以要把它放在陽台這種可以照射到陽光的地方。

2個月後

長出根

莖的位置會長出白色的根，這是水田芥需要大一點空間的信號。

移植

摘下長有根的一部分莖，水田芥是很容易繁殖的植物，就算摘得不好也無須擔心。

長出花軸

花軸剛長出來的時候是黃色的，上面沾有粘粘的液體，這樣可以很容易沾住風或飛蟲帶來的花粉。

2個半月後

生長

移植半個月後，就可以長得像照片一樣茂盛了，按照這樣的速度從採收到再次長成只需要半個月的時間。

5個月後

開花

水田芥的花瓣是白色的，像米粒一樣大，花雖然很小但和深綠色的葉子能形成對比，給人一種很平靜的感覺。隨著溫度的不同，花軸也有可能很快就長出來了。

6個月後

結成種子

種子變成熟、內部變得結實，顏色會比照片更黃，這個過程需要花1個月的時間。當種子完全變乾時，就可以折下花軸把種子收集起來，保管一段時間後可以再次拿來種植。需注意不夠成熟的種子會很難發芽。

 生物老師的蔬菜Tip

水田芥也叫「豆瓣菜」，它的葉子是圓形的。水芹（Cress）是另一種蔬菜，因為名字很像所以常常會搞混，購買種子的時候要記得分辨清楚。

荷蘭芹

- 用幼苗種植1個月左右可採收
- 表面的土乾時需澆水（每週2次）

GARDENING POINT

- 購買幼苗種植。
- 從幼苗盆子移植到花盆裡種植時，若水分管理得好的話，可以生長得很好。

hudung-e的經驗談

做義大利麵的時候，在上面灑上荷蘭芹粉末會很香，顏色也會很漂亮。雖然這也沒什麼特別的，但是這種小小的差異卻可以讓飯桌變得有趣也更豐盛。特別是在亮色的奶油義大利麵上放入荷蘭芹，這樣的顏色搭配會更鮮明。

準備種子

雖然推薦用幼苗種植，但如果買不到幼苗的時候，也可以購買種子種植。在花盆裡裝入80%的土壤，挖個巴掌般大的洞，種入3粒種子，然後用噴水器噴灑充足的水。

分離幼苗

可以直接從花市購買，再把荷蘭芹分離開來，小心不要讓根部損傷到。

種植幼苗
1個月後

確認是否可以採收

葉子數量增加，吸收充足的陽光之後，綠色的部分也會增多，這時就可以採收了。

種植幼苗
1個月後

採收

採摘的時候，要從外層葉子開始一片片地採摘，抓住莖的末端折下。可以依需要多少就摘多少，也可以全部摘下磨成粉來使用。

 生物老師的蔬菜Tip

一般料理時都是買乾的荷蘭芹粉末，但是用新鮮的荷蘭芹搗碎來使用的話，香味不僅清新，顏色也相當雅致。常吃的野菜也有乾貨和新鮮貨的區別，荷蘭芹也一樣兩種都可以使用。

香草類

茴香

- 1個月後可採收
- 表面的土乾時需澆水（每週2次）

GARDENING POINT

- 因為香草也被使用在研發藥物上，所以一次最好不要吃太多，吃1～2棵以內嚐嚐味道就好。

hudung-e的經驗談

如果種植茴香不成功的話，對策是在幼小的階段就要讓其充分照射到陽光，另外到網路上查找別人種的茴香進行照片對比，也可以找出問題所在。除外，還可以透過網路交換種植心得，比起自己一個人種植會更有趣，而且透過網路可以將一個人種植好幾年才能得到的經驗，幾分鐘內就充分吸收了。

播種

在花盆中裝80%的土並灑上種子，然後蓋上和種子差不多厚度的土壤，利用噴水器噴灑充分的水。

幼苗階段

茴香的芽原本就長得很細，所以在管理的時候要特別小心，另外在長成幼苗之前要常澆水，讓它充分照射到陽光。香草是很喜歡陽光的植物，所以要把它放在陽光充足的陽台。

採收

如果安然經過第2個階段的話，長到這個時候在生長上就沒什麼大問題了。這時候，可以從外層開始一根根地採摘食用。

長出新葉子

新葉會在莖之間長出來，莖變長後葉子就會長出來了。

長出花軸

花軸在剛長出來的時候是黃色的，上面沾有粘粘的液體，這樣可以很容易沾住風或飛蟲帶來的花粉。

結種子

種子變成熟、內部變得結實後，顏色會比照片更黃，這個過程需要花1個月的時間。當種子完全變乾，就可以折下花軸把種子收集起來，保管一段時間後可以再次拿來種植。不夠成熟的種子很難發芽，所以要在種子完全成熟後再摘。

錦葵

- 3個月後可採收
- 表面的土乾時需澆水（每週2次）

 GARDENING POINT

- 雖然這是名字較少聽過的香草類，但是長得卻和秋葵很像。
- 採收後曬乾磨成粉末會比較好保管。
- 如果買不到幼苗的話，也可以用種子來種植。

hudung-e的經驗談

1 香草比其他蔬菜更喜歡陽光，想要讓它生長得更好的話，請放在陽光照射得到的地方。
2 在做義大利料理時將搗碎的生香草放進去，會比放乾的香草還新鮮。

種植

播種

在花盆中裝80%的土並灑上種子,然後蓋上和種子差不多厚度的土壤,利用噴水器噴灑充分的水。

3週後

在生長中期檢查

錦葵3週左右就可以長出本葉了,香草類比一般蔬菜遲發芽。

3個月後

確認收穫時間

一開始雖然生長比較緩慢,但是2個月莖變結實後,葉子數量就會增多,大概3個月後就可以採收了。

3個月後

採收

從外層的葉子開始,抓住莖的內側尾端進行採摘。

 生物老師的蔬菜Tip

秋葵和錦葵很相似不容易分辨,不過秋葵的葉子看起來較為柔軟,這兩種植物一起種植的時候可以觀察一下。

香草類

蘋果薄荷

・種植幼苗後2週左右可採收
・表面的土乾時需澆水（每週2次）

 GARDENING POINT

・推薦用剪下蘋果薄荷的分枝讓其發芽或購買
幼苗種植。不過用種子種植的話，要花很多
的時間和精力，成功率也較低。
・5吋盆幼苗要花費100～150元左右。

🌱 **hudung-e的經驗談**

陽台上因為種植了太多的蔬菜導
致空間不夠，所以把蘋果薄荷放
到外面，但是因為受到蟲子的襲
擊，結果只留下凋零的莖。這種
情況下要勤勞地反覆採摘，或是
用像蚊帳一樣的網子罩起來，才可以確保收穫量。

🪴 種植

1 購買幼苗

在花市或農場可以買得到幼苗。如果葉子長了很多會顯得花盆很小，而且水分會從葉子蒸發，所以要移植到大容器中種植。

2 移植

把幼苗倒出來，用手輕輕地分開可以分離出很多棵。約一個巴掌大的地方種一棵，請按照棵數準備大小適當的容器。

2週後

3 採收

分株種植2週後，就可以採摘食用了。採摘的時候，從離土壤5cm以上的部分開始採摘，這樣可以把長的莖變短。

2週後

4 反覆採收

這是採摘過後變短的莖，這個狀態經過2～3週後又可以再次採收，不用澆水和施肥也可以長得很好。

2週後

5 一次的收穫量

可以摘到一把的數量，這種收穫量曬乾後可以泡成茶來喝，也可以做成雞尾酒。

1個月後

6 長出花軸

天氣很熱時蘋果薄荷就會開花，花曬乾後可以使用，花本身也是可以吃的。

 生物老師的蔬菜Tip

蘋果薄荷和薄荷品種的生命力和繁殖力都很強，一般不容易死且莖的復生力也很強。如果僅購買一盆幼苗放入大容器中種植的話，葉片數量也很容易增加。花盆太小的話容易長蟲，葉子之間也會互相遮擋掉彼此的陽光，所以購買後的基本種植步驟就是要分離植株。

迷迭香

· 隨時可採收
· 表面的土乾時需澆水（每週2次）

GARDENING POINT

· 請購買幼苗種植。
· 從幼苗盆移植到花盆中種植後，如果有隨時注意水分的管理，就可以生長得很好。

hudung-e的經驗談

幼苗買回來後如果不進行移植，可能會像照片一樣枯死。花盆太小的話，土壤裡的水分容易不足，植物可能很快就會死掉，所以香草類最好一買回來就進行移植，請不要忘記。

🪴 種植

準備幼苗

首先準備好幼苗。5吋盆的迷迭香需要花費 100 ～ 150 元左右，在花市或大型超市都可以買得到。

移植

把幼苗從小盆子裡拿出來後，可以看到很多根鬚，請移植到更大的花盆中，澆上充分的水，並確保根部有足夠的生長空間。

澆水

移植後澆入充足的水，水要澆到可以從花盆底部的孔流出來的量。之後就可以在表面的土乾時再次澆水。一般每週澆水 2 ～ 3 次。

採收

把花盆搬到陽光充足的地方，需要多少就摘多少。

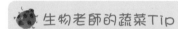

🐞 **生物老師的蔬菜Tip**

每個月施一次稀釋過的液肥，這對植物的生長有幫助。

黃斑檸檬百里香

- 長成幼苗後可開始採收
- 表面的土乾時需澆水（每週2次）

🌱 GARDENING POINT

- 購買幼苗來種植比較有效率。
- 黃斑檸檬百里香是會散發出檸檬香的一種香草品種，與一般的檸檬百里香不同，葉子的邊緣是黃色的。

🌱 hudung-e的經驗談

1 香草的分枝可以剪下來分開種植，剪下莖後用濕的廚房紙巾包起來，放入戳有呼吸孔的塑膠袋裡郵寄的話，也不會有什麼問題，這樣的包裝可撐個3天左右。

2 在烤白肉類的魚時，在鍋裡放入橄欖油，然後放入黃斑檸檬百里香，這樣不但可以去腥，還會散發出淡淡的檸檬香。香草品種中有一些因為香氣很濃郁而無法放入料理中，但是這種檸檬百里香是比較容易讓人接受的品種。

移植幼苗

直徑約巴掌般大的5吋盆幼苗需花費100～150元左右。買回來後,在比較大的花盆中,放入以8:2比例混合好的床土和液肥,再將植物移植到花盆中後,澆入充足的水,放在陰涼處讓它休息1週。

可以收穫的時期

這是移植過後穩定的狀態。如果綠色的葉子增多的話,可以剪下莖放入料理中,放在魚或肉的料理上烤的話,會散發出檸檬香氣。

莖的木質化

莖變厚到一定的程度時,莖就會變得像樹木表皮一樣。變成這樣並不是因為出問題,而是因為經過一段時間後莖變得更結實,這就是所謂的「木質化」。

照射陽光

需放到陽台陽光充足的地方。黃斑檸檬百里香和其他的香草一樣,照射越多的陽光就會長得越好。

開花

黃斑檸檬百里香在盛夏開花,雖然這跟收穫沒什麼關係,但卻可以當作觀賞花來欣賞。

 生物老師的蔬菜Tip

黃斑檸檬百里香照射到越多的陽光,邊緣的黃色就會越深。一般的檸檬百里香的葉子是綠色的,但是如果想種植出這種華麗的檸檬百里香,請移到陽光充足的地方種植。

香草類

薰衣草

· 觀賞用
· 表面的土乾時需澆水（每週2次）

 GARDENING POINT

· 雖然薰衣草不可以吃，但是如果陽台除了蔬菜以外什麼都沒有的時候，薰衣草是可以當作觀賞花的香草品種。
· 味道很香，全年都開花。

hudung-e的經驗談

我從花市買回羽葉薰衣草種植，結果因為施太多肥料，導致植物變成黑色乾掉了。但在這之前，我想起部落格的格友曾經寄給我他剪下來的分枝，我就重新用分枝來種植，香草的優點是就算是剪下的分枝也可以長出根。香草可以透過剪下分枝的種植方法，來增加植物的數量。

購買幼苗

購買幼苗的話，會發現一般大多都是用剪下來的莖使其長出根鬚的。如果移植到花盆裡種植，就算只買一盆也會有買了很多盆的效果。

在花盆裡裝土

剪下保留3cm根部的莖，噴上水並插入濕潤的床土中。剪下的莖插入土中約3cm，除去插入土壤部位的葉子。為了讓莖長得更強壯、根長得更好，要把植物放在陰涼處2週左右。

2個月後

開花

莖開始穩定地生長時會長出花軸，一般全年都可以開花，所以種植2～3月後就可以看見花了。

順利開花

如果仔細觀察花的話，可以發現開花的順序是由下往上開的。

 生物老師的蔬菜Tip

薰衣草有很多品種，上面介紹的羽葉薰衣草（Pinnata Lavender）其生命力很強，花是藍色的非常漂亮，很推薦種植。

香草類

甜菊

- 1個月後可採收
- 表面的土乾時需澆水（每週2次）

 GARDENING POINT

- 一般是購買幼苗種植並進行移植。
- 因為味甜所以很容易長蟲，需要經常檢查。

 hudung-e的經驗談

摘下甜菊後放到碳酸水中浸泡，會像汽水一樣有甜味，若再加入一些檸檬會更爽口。

購買幼苗

購買幼苗時，可以發現一般大多都是用剪下來的莖使其長出根鬚的。買回來後，把幼苗從盆裡拿出來，移植到不同的花盆裡，這樣就算只購買一盆幼苗，也有購買了很多盆的效果。

在花盆裡裝土

在花盆裡裝入80%的土，將床土和化肥以8：2的比例混合，放入化肥是為了替植物提供養分。

移植結束

把根部種入土壤5cm深的地方，把接觸到土壤的葉子去掉，如果不那樣做的話，接觸到土壤的葉子會爛掉，這對植物的生長不好。在蓋上土壤且澆入充足的水後，移植就結束了。

移植後的管理

移植結束後，放到陰涼處約1週的時間。若想要讓快要枯軟掉的葉子重新變得有彈力的話，要把它放到有陽光的地方種植，種植1個月左右就可以採收了。

生物老師的蔬菜Tip

甜菊的甜味比糖還甜300倍，歐洲人喝茶時把它當成甜味劑。它的卡路里很低，摘下葉子咀嚼時會有很爽口的甜味跑出來。

香草類

驅蚊草

- 具有防蟲效果的植物
- 表面的土乾時需澆水（每週2次）

 GARDENING POINT

- 購買幼苗來種植的話會比較容易。
- 因為蟲子很討厭驅蚊草，所以可以將驅蚊草放到容易長蟲的植物旁邊。

hudung-e的經驗談

剛開始的時候因為驅蚊草的味道很濃，所以有些害怕，但是它的生長速度很快，花也開了所以就一直種植著。種植香草的朋友給了我插枝分枝（剪下有根部的莖）種植了3個月，本來只有一根莖的花盆，因為長得很好所以變得很茂盛。

種植

準備移植

購買5吋盆驅蚊草需要花100～150元左右，初夏時可在花市或大型超市購買，準備好有約巴掌寬的花盆。

在花盆裡鋪網

為了防止土從花盆底部的小洞漏下去，需鋪上比較密實的網子。把洋蔥網袋剪下一些來使用也可以，用脫了線的絲襪也可以。

準備幼苗

請準備好購買來的幼苗、裝入80%土壤的花盆，以及幼苗專用的鏟子。

移植

需用鏟子在花盆的土壤上挖一個和幼苗差不多大的洞，把幼苗從小盆子裡拿出來種入挖好的洞中，並澆入充分的水。

移動花盆

在陰涼的地方放置1週後，移置陽光充足的地方。

 生物老師的蔬菜Tip

1 不需要另外施加養分，只讓它照射到充足的陽光就能生長得很好。

2 春天時驅蚊草被當作「趕走蟲子的植物」所以賣得很好，驅蚊草的香味很像濃烈的肥皂味道，所以蟲子不會接近，可以放在容易長蟲的蔬菜旁。

牛至

- 隨時可採收
- 表面的土乾時需澆水（每週2次）

 GARDENING POINT

- 請購買幼苗種植。
- 從小盆子移植到花盆裡時，如果水分管理得好，就可以生長得很好。

hudung-e的經驗談

牛至是可以用在披薩或義大利麵裡的香草品種，披薩特有的香氣，就是從這種香草品種所散發出來的。如果將長成的牛至曬乾後磨成粉使用，在家裡也可以做出不錯的番茄醬汁。

準備幼苗

準備牛至的幼苗，5吋盆需要 100 ～ 150 元左右，可以在花市或大型超市購買到。

移植 1

以擠壓小盆的方式把幼苗取出，才不會傷害到根部。

移植 2

把幼苗從小盆中取出時可以看到很多根鬚，如果就這樣直接種植的話，根部會將花盆都佔滿，這樣葉片的生長也會變緩慢。

移植 3

移植到更寬的花盆裡，需澆水並確保根部有足夠的生長空間。移植時，戴上橡膠手套挖洞會比較好。

移動花盆的位置

移植後澆入充足的水，水要澆到可以從花盆底部的小孔中流出來的量，之後表面的土乾時要再次澆水，一般每週澆 2 ～ 3 次左右。把牛至移動到陽光充足的地方，按照自己需要的量來採摘。

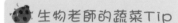

生物老師的蔬菜Tip

牛至沒有散發香味的話，可以用手搓搓葉子。這樣搓揉的話，手的溫度可以讓香味擴散。

薄荷

- 2個月後可採收
- 表面的土乾時需澆水（每週2次）

 GARDENING POINT

- 比起用種子種植，用剪下的莖插入土中繁殖會更容易成功。

hudung-e的經驗談

1 摘下薄荷的莖和葉子曬乾後，可放在茶壺裡泡茶來喝。如果開花的話，可以連花一起曬乾放入可反覆沖泡的茶包袋中沖入熱水，這樣可泡出清爽的薄荷茶；除外放入冰塊，在夏天也可以當成花草茶來喝。

2 薄荷的莖或根，可以從網路上的植物論壇中以彼此交換的方式來取得。舉例來說自己擁有山蒜球莖，在網路上發佈「尋找可以交換薄荷莖或根的人」的文字，這樣很快就會有回應了。

剪下莖

薄荷的種子很小很難發芽，但如果用剪下的莖讓其繁殖的話，2～3週後就可長出根鬚，這樣很快就可以長大。

摘下葉子

當莖長得有一根手指那麼長時就剪下，並且把葉子全部摘下來。

蓋上土

在花盆裡裝入80%的土壤，挖一截指關節深的長洞，把莖埋進去並蓋上土。

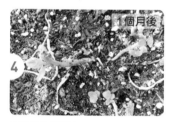

1個月後

長出新葉了

此時埋在土裡的莖會長出新芽，這時開始會生長得很快，每天都有不同的模樣，所以不要讓水分乾掉並常常讓其保持通風。

2個月後

採收

當薄荷長得很茂盛時，保留土壤上方約5cm的部分，其餘的摘下。

5個月後

開花

盛夏炎熱時，在薄荷莖和葉子之間會開花，雖然很小但因為是集中開花的關係，看起來很華麗。

 生物老師的蔬菜Tip

因為花盆不足，所以把大蔥和薄荷種在同一個花盆中，大蔥和薄荷都是很容易生長的品種，所以生長得很茂盛。

金蓮花

- 4個月後可採收
- 表面的土乾時需澆水（每週2次）

 GARDENING POINT

- 發芽緩慢需耐心地等待。
- 用棉花發芽比直接用種子種到土裡發芽的速度還快。如果發芽的時間比較長的話，1週後必須更換新的棉花，因為種子上沾染的異物會讓棉花腐爛。
- 金蓮花的花和葉子全部都可以食用，但是要先除去花蕊再吃。

 hudung-e的經驗談

如果用吊籃種植金蓮花，垂下來的莖看起來會很有看頭，可以當作觀賞花欣賞。若利用吊籃在家裡空曠處種植，從圓形的金蓮花葉子到原色的花都可以一併欣賞，即使是放在玩耍的空間裡，也會變身為美麗的花園。

利用棉花發芽的階段

把金蓮花的種子放在棉花或廚房紙巾上，用噴水器噴水讓棉花充分沾濕，然後蓋上保鮮膜以防止水分蒸發。把保鮮膜的一角打開1cm的空隙，或是用牙籤在保鮮膜上戳幾個呼吸孔，這樣可以防止種子腐爛。等種子的表皮脫落後，根就會開始長出來。

2週後

發芽階段

在棉花上發好芽後，移植在土中就會長出葉子了。

2個月後

種植幼苗

為了讓植物顯得很茂盛於是進行了移植，這是移植到吊籃中的模樣。

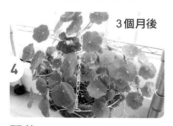
3個月後

開花1

葉子變得很茂盛，花也開始開了，花朵盛開1週後就會凋謝。這個時期水分會透過葉子蒸發，所以要確保花盆中的土壤有足夠的水分，每天早晚都要澆水。

4個月後

開花2

這是我並排擺放的兩盆金蓮花，每盆都是用兩粒種子種植的，花開得很茂盛。

採收

就算用1粒種子種植也可以變得很茂盛，這個時期會有幾株莖開始變長，不要覺得奇怪，只要欣賞上面開好的花就好。在採摘食用之前，要先把可能引發過敏的花蕊用剪刀剪掉。

 生物老師的蔬菜Tip

1 有一種喜歡長在金蓮花上的一種蟲子叫作潛蠅，它會在葉子上產卵，孵出蟲子後葉子就會被蟲子啃食，就像被挖了一個洞一樣，所以就算只有一點點痕跡，看到也要馬上除掉，不要讓牠繼續繁殖。

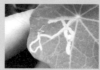

2 花凋謝後就會結種子，如果顏色看起來比照片還要黃的時候就可以摘下來種植，或者摘下來曬乾保管，也可以不要採摘直接曬乾。

矢車菊

- 5個月後可採收
- 表面的土乾時需澆水（每週2次）

 GARDENING POINT

- 雖然要一直等待到開花，但是會開出藍花的蔬菜很少，考慮到這一點就覺得很值得種植。
- 因為是食用的花，所以不需噴灑農藥。

hudung-e的經驗談

矢車菊雖然沒有特別的味道，但是可以當作裝飾為菜餚加分。在白色的豆腐上放上藍色的花，看起來相當典雅。

1個月後

幼苗階段

在花盆中裝80%的土，種下3粒種子，然後蓋上和種子差不多厚度的土壤，利用噴水器噴灑充分的水。1個月後就會長出幾片本葉了，葉子的表面有很多像絲一樣的絨毛。在本葉長大之前，一個位置只留下一棵，其餘修剪掉。

5個月後

長出花軸

因為是按照「芽→新葉→本葉→花」的順序生長，所以要開花需要等一段時間。右邊是矢車菊的花蕾。

5個月後

觀察花

經過了5個月終於開花了。它會叫作矢車菊是因為長得很像車輪，旁邊的花開成一圈，並且把花蕊擠在中間。

5個月後

採收

在輪廓邊有很多小花圍在一起，可以用手摘下來後，沖洗乾淨食用。

凋謝過程1

花凋謝的時候，邊緣的顏色會褪色成白色，葉片也會慢慢地變乾。

凋謝過程2

邊緣差不多全乾掉後只剩下花蕊，在有風的地方有時也會結成種子。

 生物老師的蔬菜Tip

1 從播種到開花雖然需要很長的時間，但只要花開始開了，在2個月內都會不斷地開出藍色的花。需注意如果一直採摘花朵的話，就可能無法結出種子。

2 矢車菊也有粉紅色的花。

芽菜類

蘿蔔芽

- 1週左右可採收
- 早晚在桶中用水漂洗

 GARDENING POINT

- 蘿蔔芽生長很快,很有種植的樂趣。
- 長出本葉後再吃也沒關係。

hudung-e的經驗談

最常有人問我有關於芽菜類的問題之一,有一個是種植到一半因為散發出腐爛氣味而扔掉。事實上在底部密封的杯子或碗裡放入種子,如果只澆水不通風,水會聚集在一起,這樣就很容易腐爛。可以先在容器中裝水漂洗掉底部的不純物質,這樣就比較不易腐爛。

準備材料

準備好密閉容器、廚房紙巾或紗布、蘿蔔芽的種子。在密閉容器裡鋪上紗布，灑入種子後用噴水器噴灑足夠的水，把蓋子斜斜地蓋上以防止水分蒸發。如果把蓋子蓋緊的話可能會腐爛，要特別注意。

1週後

採收 1

早晚在密閉容器中裝入水漂洗，蘿蔔芽種植1週後就可以食用。採收前，在密閉容器裡裝入冷水泡10分鐘，可以增加清脆的口感。

採收 2

根部會粘在底部，倒過來採摘會比較方便。

採收 3

粘住的部分不要硬摘，在根部1cm以上的地方用剪刀剪下來，並把廚房紙巾扔掉。紗布清洗曬乾後還可以再利用。

 生物老師的蔬菜Tip

幼芽量太少的話，可以再種植1～2週，等到長出本葉後再當作嫩葉蔬菜來食用。芽菜類種子和嫩葉蔬菜種子都是不經過消毒的種類，所以芽菜類種子可以種植到長出本葉再食用，但芽菜類種子也可能會長出其他相似的不同種類的本葉，吃起來不會有任何異常，不需太訝異。嫩葉蔬菜是長出本葉後再採來食用的品種，所以通常會先經過挑選之後再販賣，這點差異需了解一下。

芽菜類

綠豆芽

- 10天後可採收
- 需早晚換水

 GARDENING POINT

- 綠豆芽是用綠豆種植的。
- 必須準備沒有剝皮的綠豆。
- 泡綠豆前，要像洗米一樣先洗掉表皮的殘留物。

・在平底鍋中種植

準備材料

請準備平底鍋和可以放入鍋裡的過濾盆，以及沒剝皮的綠豆。

洗綠豆

把綠豆放入水中洗1～2次，洗掉表皮上的雜質。經過這個過程，就可以防止綠豆芽因為雜質的關係而腐爛。

泡綠豆

在過濾盆底鋪上綠豆，大概是可以把底部鋪滿的量。為了讓綠豆盡快發芽，要用水泡一個晚上。

阻斷陽光

因為綠豆芽的黃色部位是重點，所以必須阻斷陽光來種植。這時如果有合適鍋蓋的話就可以阻擋陽光，同時也能確保呼吸孔。水需從過濾盆上方早晚一次往下澆水和沖洗綠豆芽。

在生長中期檢查1

綠豆長出根，有一部分的表皮開始脫落。這時要經常換水，這樣豆芽就不會乾掉，也不會腐爛。

在生長中期檢查2

根部從籃子的縫隙長出來。

在生長中期檢查3

綠豆芽快滿出過濾盆，種植空間明顯不足，即使是這樣也還可以再培育1～2天。

採收一部分

如果綠豆芽長得很多的話，就先採收一部分。可將它放進湯麵裡吃，也可用來煮湯，這時的豆芽嫩又脆。

採收

當豆芽多到連一般容器的蓋子都蓋不起來時，就可以採收了。

🪣 種植

・用市場販賣的栽培器種植

1

準備材料

準備市販的栽培器（有蓋子的）、綠豆、遮擋陽光的布以及水。將綠豆洗好後泡著，接著在栽培器裡裝入水，水位剛好到栽培器裡的篩子處，再把綠豆放上去。

2

阻擋陽光

為了讓綠豆長出特有的黃色部位，要阻擋陽光的照射。如果可以用比照片上的布更厚、顏色更深的毯子的話會更好。

3 3天後

長出根

綠豆的根很自然地會往篩子下面的水中生長，記得每天都要換一次水。

4 3天後

在生長中期檢查

這是長出根的綠豆，但如果水分乾掉的話，根也會跟著乾掉，這樣就無法繼續生長了，所以要特別注意水分的管理。種植7～10天左右就可以採收。

🐞 生物老師的蔬菜Tip

1 用茶壺種植時，把洗乾淨泡過的綠豆倒入壺中並蓋上蓋子，之後需每天早晚打開蓋子澆入新的水，然後透過壺嘴把水倒出來。用茶壺種的優點是，倒水時壺嘴處會被發芽的綠豆卡住，這樣可以減少損失。

2 把底部鑽好孔的外帶杯當作小盆子並經常更換水，這樣也可以種植豆芽。但因為沒有阻擋陽光的關係，所以長出了綠色，不過在食用上不會有任何的問題。

粉紅包心菜芽

- 2週後可採收
- 隨時確認瓶子或裝水盤內的水是否足夠

 GARDENING POINT

· 請購買幼芽專用的種子種植。
· 芽菜類是只能收穫一次的作物。

 hudung-e的經驗談

使用過的紗布和橡皮筋可以再次利用，用水清洗乾淨再晾乾，就不會有雜質而且很乾淨。

・用杯蓋種植

準備材料

準備拱圓型的透明杯蓋、紗布、橡皮筋、膠帶、簽字筆。先在膠帶上寫上日期和名字後貼在蓋子上，把紗布鋪在底部，把寫上日期和名字的杯蓋放在上面，按順序把紗布四面往上折起來。

固定

把杯蓋貼緊桌面後，拿橡皮筋套在蓋子邊緣的凹凸位置處，將其固定住。

裝種子

把紗布往下折下來，接著從杯蓋上面的口倒入種子。

泡種子

為了讓種子盡快發芽，把杯蓋栽培器放在托盤上，並在托盤內倒入水，讓其浸泡一個晚上。之後早晚都要搖晃一下裡面的水，並用水進行漂洗。

漂洗種子

在栽培器內倒入水後，抓住杯蓋栽培器上方的小孔並輕輕地搖晃。

放入有底的器皿中

在根部生長的時候，如果一直讓其接觸到底部的話可能會受損，所以要放在有底的器皿上。

採收

把之前套在上面的橡皮筋取下來，利用剪刀把芽剪下。

清洗

把粉紅包心菜芽浸在水中，可以連根一起食用。往同個方向攪動 2 ～ 3 次，種子的表皮就會被分離。

過濾水分

用篩子把水過濾掉後，就可以食用了。

種植

・用寶特瓶種植

1

2

2週後

3

準備材料

只需要準備種子和寶特瓶就行了，寶特瓶除了瓶口處以外，其他都是封閉的狀態，這樣可以防止水分的蒸發。

放入種子

把種子放入寶特瓶中並裝入水，為了讓種子盡快地發芽，需讓它浸泡一個晚上。

澆水

從寶特瓶瓶口處裝入水，讓種子浸泡5分鐘，然後再把水倒掉，要小心不要把種子倒出來了。在瓶子內保留一些可浸泡到種子的水量，這樣種子就能順利地生長，這個程序1天進行一次即可。

4

5

6

採收

當粉紅包心菜芽生長到瓶子一半的程度時，並且不再繼續生長的話，那就是表示到了採收的時期了。用剪刀或刀子把瓶子剪成兩半，再取出幼芽。

分離種子表皮

把採收的粉紅包心菜芽浸在水中，往同個方向攪拌2～3次，這樣沒發芽成功的種子和種子表皮就會沉入水底，接著再撈起浮在水面上的幼芽。

過濾水分

把篩子放在容器上面，這樣可以濾掉幼芽上面的水分。先把水分濾乾淨，這樣在吃的時候才不會把調味料的味道弄淡。

🐞 生物老師的蔬菜Tip

1 紗布下面的白色物質不是發霉而是像絨毛一樣的根部，所以看到時不需太過訝異。

2 照片上所看到的紫色蔬菜是和粉紅包心菜芽相似的紅包心菜芽。紅包心菜芽比粉紅包心菜芽的顏色還深，紅包心菜的本葉外觀是中間小小尖尖的樣子，一直培育到長出本葉的程度還是可以吃的。

苜蓿芽（黃色）

- 1週後可採收
- 需早晚換水

 GARDENING POINT

- 如果把陽光遮住來種植的話，相同的種子也會長出不一樣感覺的幼芽。

 hudung-e的經驗談

我開始阻隔陽光種植的契機，是因為看到了超市裡的黃色和綠色的蕎麥芽被整齊地排放在一起，讓我印象很深刻，所以我一直在思考到底是如何辦到的。隔天早上一起床就拿出幼芽的種子放入杯中浸泡後種植，連續7天早晚都打開來看看顏色有沒有變成黃色，結果非常神奇地長出了完美的黃色幼芽。

準備材料

準備馬克杯、苜蓿芽種子、紗布、橡皮筋、阻擋陽光用的蓋子。把種子放入杯中用紗布蓋起來，再用橡皮筋固定好。在紗布覆蓋住的狀態，把水倒進去後再把水倒掉。

阻隔光線

如果想種出黃色的幼芽，就必須避開光線。可以用餅乾盒或裝蔬菜的容器等深色的盒子蓋在馬克杯上。

採收階段1

這是幼芽長出紗布外面的樣子，如果有陽光滲入紗布內，幼芽會慢慢變成綠色，所以如果想種出完美的黃色幼芽的話，就必須覆蓋好。

採收階段2

當幼芽把紗布頂得鼓鼓的時候，就可以準備採收了。

採收

容器內裝滿水，把馬克杯裡的幼芽全倒入裝水的容器中。

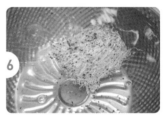

清洗幼芽

因為在小杯子裡種植空間較不足的關係，因此長得很緊密。把結成一團的黃色幼芽放入水中，用手輕輕地分開清洗。另外，種子的表皮是可以食用的。

過濾水分

用篩子把水分過濾掉，如果使用蔬菜脫水機的話，幼芽可能會從空隙中跑出來，所以最好用一般的篩子過濾。

 生物老師的蔬菜Tip

只要遮住陽光就會抑制光合作用，這樣就可以培育出像黃色的白菜心一樣的幼芽。這原理很簡單，也是培育多種顏色蔬菜的重要自然原理，這種想法的轉換大家都可以做得到，可以試著使用各種方法來種植幼芽。

苜蓿芽（綠色）

✎ GARDENING POINT

· 如果不能及時採收的話，可以先放到冰箱裡2～3天，這樣就可以抑制或延緩植物生長，因為生長所需的酵素在冰冷的冰箱中無法活動。

· 把水倒掉的時候種子容易流失，這種情況下可以使用尼龍沙網來解決，緊密的尼龍沙網可以減少換水時種子流失的情況，這我特別想推薦給有過因為種子腐爛散發異味而導致種植失敗的人。

![watering can icon] **種植**

・在玻璃保鮮盒裡種植

準備材料

準備密閉的容器和蓋子、苜蓿芽的種子，以及尼龍沙網。尼龍紗網可到10元商店或五金行購買，就算大小只有照片的一半也可以拿來種植。

裝入種子

在尼龍沙網中裝入一湯匙的種子，一般種子包裝袋上寫的發芽保存期限都很長，所以在發芽上幾乎不會有問題。

浸泡種子

在密閉容器裡倒入水，把裝有種子的尼龍沙網放入容器中上下左右移動清洗，然後換上新的水浸泡一晚，之後就早晚換水清洗。

3天後

在生長中期檢查

當根部開始往尼龍沙網的外面生長時，就是植物需要很多水的信號了。就像大部分的蔬菜一樣，幼芽也是先長根再長葉子的。

3天後

蓋上蓋子

當綠色的葉子開始長出來時，水分的蒸發速度會變快，所以必須把蓋子斜斜地蓋上，這樣可以防止根部乾掉的情況。

7天後

採收

把尼龍沙網倒過來的話，可以輕鬆取出幼芽。用水清洗乾淨後，用篩子濾掉水分再食用，尼龍沙網可以再次拿來使用。

・蓋上紗布來種植

7天後

7天後

準備材料

準備密閉容器、苜蓿芽種子、紗布、橡皮筋。在密閉容器中放入一湯匙的種子，浸泡一晚後用水漂洗，接著用紗布蓋好，之後每天早晚換水清洗。

檢查是否可以採收

當紗布鼓起來後，就可以打開紗布進行採收了，如果再讓它繼續生長下去的話，會因為空間不足使得幼芽彎曲，所以要在長出過多根部之前，需盡快地採收食用。

採收

把幼芽放入水中往同個方向攪拌，種子的表皮就會沉入水底。這時撈起浮在水面上的幼芽，用水清洗1～2次後，結成一團的幼苗就能很快地分離開來。另外，種子的表皮也是可以食用的。

青江菜芽

- 2週後可採收
- 隨時確認寶特瓶底部是否裝滿水

 GARDENING POINT

- 請購買幼芽專用的種子來種植。
- 芽菜類是只能收穫一次的作物。

hudung-e的經驗談

之前我培育的青江菜芽和超市裡賣的青江菜長得不一樣,長出來的是尖尖細細的葉子。之後我曾向種子行詢問過,他是說芽菜類吃的只有新葉的部分,但也有本葉長成這樣的種類,所以只是模樣上不同而已,其他完全沒有問題。大家在種植芽菜類時,如果發現本葉長成這樣子,也不要覺得奇怪喔!

準備材料

準備寶特瓶、園藝用床土或培養土、水、種子以及錐子。

把寶特瓶當作花盆

為了防止泥土滲出以及確保水分的吸收,先用錐子在寶特瓶蓋上鑽 3～4 個小洞,接著蓋上瓶蓋倒放。填滿 1/3 的土壤後灑一把種子,接著蓋上一層約種子般厚度的土壤後,等待其發芽。

2週後

採收

當長出密密麻麻的新葉時,在根部上方 1 公分處用剪刀剪斷進行採收。

用相同的方法可以培植新葉外型類似的烏塌菜芽、紫蘇芽、綠花椰菜芽等。

 生物老師的蔬菜Tip

烏塌菜芽、紫蘇芽、綠花椰菜芽都長得非常相似,幾乎沒什麼差異。可以從這三種中選一種來種植,也可選擇其他顏色的紅包心菜芽。如果多種蔬菜一起種植的話,顏色看起來很豐富,種植起來也相當有趣。

小麥苗

- 1 週後可採收
- 每天換 1 次栽培器的水

 GARDENING POINT

- 麥苗葉非常薄，若栽培器內的水不足，葉子就容易枯萎。在不傷害根部的情況下，每天要更換一次乾淨的水。

 hudung-e的經驗談

小麥苗味道有點微苦，雖說味道很特別，但因對身體很好所以曾經吃過。如果說有點像韭菜的味道，你們可以體會嗎？在沒有韭菜可料理的時候，用麥苗取代也是不錯的辦法。

種植

準備種子

請準備麥苗的種子。

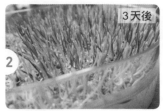

裝入栽培器

在長出新芽初期，會出現紅色和綠色的芽，紅色的芽也可食用。

根部的模樣

不用幾天根部就可以長成這個模樣。

確認是否可採收

當苗長到如手指般的長度時，即可採收。

採收

在離小麥表皮很近的位置用剪刀剪開，表皮和根請丟入廚餘中。

觀察莖

在一樣的時間內，小麥會比其他幼芽長得又長又薄。雖然吃起來並不鮮脆、柔軟，不過香味聞起來很不錯。

 生物老師的蔬菜Tip

在國外麥苗常被拿來榨成健康果汁。先把麥苗浸泡在栽培器內，然後用攪碎機攪碎後，喝起來味道也不差。

大麥苗

・1週後可採收
・每天換1次栽培器的水

 GARDENING POINT

・請購買芽菜類專用的種子。
・芽菜類是一次收穫的作物。

 hudung-e的經驗談

大麥苗的味道和小黃瓜的末端一樣，雖然有點青青的味道，但越到根部味道會越香。比起種植單一的幼苗，不如試著多種植各種不同的種類。芽菜類的優點就是在短時間內可馬上收穫，適合初學者嘗試種植而且就算失敗了，也只需重新在水中灑入新的種子即可，種植起來相當簡單。

準備種子

請準備大麥苗的種子。雖然種子看起來很粗糙，但它只要1天的時間，就可以快速地發芽。

裝入栽培器

要讓大麥苗發芽需要大量的水，所以比起在杯子中培養，不如使用市場販售的栽培器皿會更合適。在栽培器中加入水，讓種子密密麻麻地浮在水中。照片中左邊是小麥苗，右邊是大麥苗。

3天後

在生長中期檢查

大麥的葉子剛長出來時，是白色略帶有點青綠色。大麥幼苗比其他的幼苗生長速度快一些。

7天後

確認是否可採收

經過1週後，當幼苗長到如手指般的長度時，這時吃起來的味道是最好的。如果再生長一段時間的話，幼苗就會變硬；如果生長時間不足，食用的量也會不足。

採收

在離大麥表皮很近的位置用剪刀剪開，表皮和根請丟入廚餘中。

觀察莖

大麥苗與小麥苗不同，其葉子的型態是有點往裡面卷的樣子。

 生物老師的蔬菜Tip

大麥苗的生長速度非常快，型態也比一般幼苗還大，所以需要充足的養分。不過它只需要水就可以迅速地生長了。

蕎麥苗

- 10天後可採收
- 寶特瓶─隨時確認水是否充足
- 外帶杯─每天早晚用水浸泡後再把水倒出

 GARDENING POINT

- 雖然芽菜類只能收穫一次，之後需重新播種新的種子，但是種植時間只需1～2週，因此很值得推薦。
- 蕎麥的味道有點酸。雖然有些人可能會覺得味道很奇怪而不吃，但因為很容易種植而且冬天也可體驗種植的樂趣，因此這是我很推薦給大家的品種。和蘿蔔芽一樣，蕎麥也是很容易生長的芽菜類。

種植

・用寶特瓶種植

準備材料

請準備寶特瓶、園藝用床土或培養土、水、種子、錐子。請在瓶蓋上戳3～4個洞，洞不要戳太大，不然土會從洞裡跑出來；不過也不要太小，因為要讓水可以順利地流出洞孔。接著蓋上瓶蓋，把寶特瓶倒過來。

灑入種子

在做好的寶特瓶栽培器內裝入一半的土，灑入蕎麥芽的種子，因為蕎麥會長得很高，所以最好留下寶特瓶的一部分，這樣之後才可以支持住蕎麥的莖。

1週後

換水

需留意不要讓下端裝水的寶特瓶底部長出蘚，請每週換一次乾淨的水。長到這種程度時，就可以在土壤上方約1cm處用剪刀剪下進行採收，剩下來的土壤可以放入其它的花盆中再次使用。

・用外帶杯種植

在底部鑿洞

請在外帶杯底部用錐子戳洞，這就是每天換水時的排水孔。

放入種子

放入可以把杯子底部鋪滿種子的量，並用水浸泡一個晚上。像蕎麥一樣表皮很堅硬的種子必須先放入水中浸泡，這樣才容易發芽，但泡太久的話容易腐爛，要特別注意。

1週後

放上杯子

在盤子上放雙筷子，再把外帶杯放在筷子上，這是為了防止根部腐爛而使用的方法。杯口用紗布罩著的理由是因為在換水的時候，杯子會因為底部根部的阻擋而不易排水，所以使用紗布當作濾水的裝置。

在生長中期檢查

從旁邊看的話，可以看到蕎麥在尚未脫皮的情況下長出葉子的模樣。蕎麥葉比一般的葉子還大，並且像玫瑰一樣往同一個方向伸展。

採收 1

和第 1 週的狀態相比，莖幹變長了。長到這種程度時，就可以採收下來食用了。

採收 2

抓住杯子內的幾株莖拔起的話，整棵會全部一起被拔出來。根部纏在一起的部分，可以先剪掉莖部約 1cm，然後清洗乾淨再食用。

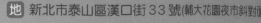